高职高专"十二五"规划教材

传感器与
自动检测技术及实训

CHUANGANQI YU ZIDONG JIANCE JISHU JI SHIXUN

主　编　李　骕　汪　涛
副主编　姜秀英　王锁庭　张　佳　刘慧敏
编　写　李　阳　李　滨　杨振山
主　审　张益起　吕志勋

中国电力出版社
CHINA ELECTRIC POWER PRESS

内 容 提 要

本书为高职高专"十二五"规划教材。

全书共分为 5 个项目、共 24 个实训任务。主要内容包括传感器与自动检测基础、执行器结构与原理、传感器及现场仪表校验与调校、智能仪表参数设置与调校和常用传感器的应用与制作实训。为突出"传感器与自动检测技术"课程的特点，精心编写了多个典型实训课题。

本书主要作为高职高专院校生产过程自动化、化工仪表自动化、机电一体化、电气自动化、冶金自动化等专业相关课程的教材，也可作为从事传感器与自动检测技术人员的参考用书。

图书在版编目（CIP）数据

传感器与自动检测技术及实训/李骁，汪涛主编. —北京：中国电力出版社，2016.4（2021.1重印）

高职高专"十二五"规划教材

ISBN 978 - 7 - 5123 - 5925 - 3

Ⅰ.①传…　Ⅱ.①李…　②汪…　Ⅲ.①传感器—高等职业教育—教材　②自动检测—高等职业教育—教材　Ⅳ.①TP212 ②TP274

中国版本图书馆 CIP 数据核字（2014）第 108674 号

中国电力出版社出版、发行

（北京市东城区北京站西街 19 号　100005　http://www.cepp.sgcc.com.cn）

北京九州迅驰传媒文化有限公司印刷

各地新华书店经售

*

2016 年 5 月第一版　2021 年 1 月北京第三次印刷

787 毫米×1092 毫米　16 开本　12.75 印张　315 千字

定价 28.00 元

前　言

为适应现代化技术的飞速发展，我国正在构建高端化、高质化、高新化产业体系，为此需要有一大批高技能人才作为支撑。高职高专及职业教育的目的是培养应用型人才，依据自动化类各专业"传感器与自动检测技术"的教学大纲和教学计划，教材编写必须紧贴产业需要，符合岗位要求。

"传感器与自动检测技术"是一门多学科交叉的专业课程。本书重点介绍各种传感器的工作原理和特性，结合工程应用实际，了解传感器与自动检测技术在各种电量和非电量检测系统中的应用，培养学生使用各类传感器与自动检测技术的技巧和能力，掌握传感器与自动检测技术的发展动向，获得传感器、自动检测方法及抗干扰技术等方面的基本知识和基本技能，并且能将所学到的自动检测技术灵活地应用到生产实践中。

本书按照"十二五"期间人才培养的时代特征，突出高职高专工程类自动化技术的教育特点，以培养应用型、技能型人才为目标；将生产过程中传感器与自动检测的新知识、新技能、新检测手段编入书中。全书紧密配合"工学结合"的思路，以实现专业核心知识与技能一体化为目标，以传感器与自动检测应用为手段，以传感器自动检测仪表实际调校为示范，结构清晰，深入浅出，更便于技术工人与学生学习。

本书重点培养生产过程中传感器与自动检测应用能力。从内容到形式都极具特色。采用真实典型的应用实例，以技能操作为核心，系统地讲授基本概念及影响传感器性能与自动检测准确度的主要因素。突出指导性、实用性和可操作性，着重培养学生的动手能力，精选训练内容，达到培养具有关键能力和拓展创新型技能人才的目的。

遵循"突出技能、结合岗位、坚持标准、体现特色、内容精炼、立足发展"的指导思想，以技术等级标准为依据，以课程的教学计划与教学大纲为基础。

本书通过 24 个任务的实训与传感器应用制作及调校课题，理论联系实际，加深对理论知识的理解，提升操作技能的掌握能力。通过实训操作，能学会传感器与自动检测的原理等知识，掌握传感器、智能仪表的调校及参数设置，传感器应用制作及调试等技能；培养理论与实践相结合的能力和创新意识，为将来走向工作岗位打下坚实的基础，以实现与岗位需求的无缝对接。

本书采用理实一体化教学，建议按 60～72 学时安排教学计划。

参与本书编写的有天津渤海职业技术学院李馼、张佳、姜秀英，天津石油职业技术学院王锁庭，天津大学李阳，天津联维乙烯工程有限公司李滨，河北化工医药职业技术学院刘慧敏，天津市中河化工有限公司杨振山。其中项目一由张佳编写；项目二由刘慧敏编写；项目三由李阳、李滨编写；项目四由姜秀英编写；项目五由李馼、王锁庭编写。全书由李馼统稿并担任主编。天津昌晖自动化系统有限公司张益起总经理、天津石化炼油有限公司吕志勋高级工程师主审。本书在编写过程中，得到许多企业、学校的专业人士大力支持与帮助，表示诚挚感谢！

编　者

2014 年 4 月

目　　录

项目一　传感器与自动检测基础

任务一　自动检测技术基本知识

自动检测技术的应用领域十分广泛，包括传感器技术、误差理论、测试计量技术、抗干扰技术以及电量间相互转换技术等。

在检测与控制系统中，自动检测环节的作用是信息的提取、转换及处理，是整个系统的基础。如果自动检测环节性能不佳，就难以确保整个系统性能优良。自动检测技术以研究检测与控制系统中信息的提取、转换及处理的理论和技术为主要内容，为一门应用技术学科。如何提高检测与控制系统的检测分辨率、准确度、稳定性和可靠性，是自动检测技术的研究目标和方向。

一、传感器

传感器（Senser）是将被测非电量转换成电量的装置，是获得信息的手段，在检测与控制系统中占有重要的位置。传感器获得信息的正确与否，关系到整个检测与控制系统的性能与控制准确度。如果传感器的误差过大，后面的测量电路、放大器、指示仪等仪器的准确度再高，也难以提高整个检测系统的控制准确度。

近些年来，计算机技术突飞猛进的发展和微处理器的广泛应用，使得国民经济中各种形态的信息都通过计算机来进行正确、及时的处理。但是，处理信息的前提是通过传感器来获得信息。所以，有人把计算机比喻为人体的大脑，传感器则比喻为人体的五官。由此而言，传感器是自动检测与控制系统的首要环节。

通常，人们把传感器、敏感元件、换能器及转换器的概念等同起来。在非电量测量及转换技术中，传感器一词是与工业测量联系在一起的，是一种实现将非电量转换成电量的器件。在超声波等技术中强调的是能量转换，如压电元件可以起到机械能—电能或电能—机械能的转换作用，因此把可以进行能量转换的器件称为换能器；硅太阳能电池也是一种换能器件，它可以把光能转换成电能输出，但在这类器件上强调的是转换效率，习惯上把硅太阳能电池叫做转换器；在电子技术领域，常把能感受信号的电子元件称为敏感元件，如热敏元件、光敏元件、磁敏元件及气敏元件等。这些不同的提法反映在不同的技术领域中，根据器件用途对同一类型的器件使用不同的技术术语。例如，热敏电阻可称为热敏元件，也可称为温度传感器；又如扬声器，当它作为声检测器件时，它是一个声传感器，如果把它当成喇叭使用，也只能认为它是一个换能或转换器件了。

本书从广义角度，定义传感器为在电子检测控制设备输入部分中起检测信号作用的器件。

二、检测电路

自动检测电路、控制的对象与单片机之间是通过测量电路和控制电路相连接的。如果说单片机是信息处理中心，那么测量电路则是信息输入通道，控制电路则是信息输出通道。测量电路也称为检测电路，它是检测与控制系统实现检测与控制功能的基本电路，在整个系统中起着十分重要的作用。检测与控制系统的性能在很大程度上取决于检测电路。目前，仍广泛使用的一些较为简单的测量仪表，并不采用单片机控制，这些非微机化的测量仪表，其内部的核心电路主要就是各种模拟检测电路。

按照检测结果的信号形式，检测电路可分为模拟检测电路和数字检测电路两大类，其基本组成分别如图 1-1-1 和图 1-1-2 所示。

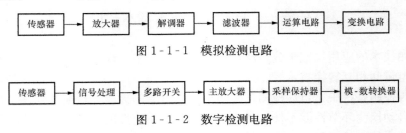

图 1-1-1　模拟检测电路

图 1-1-2　数字检测电路

1. 模拟检测电路

图 1-1-1 中，传感器将被测非电量转换为被测电信号，简称被测信号。这个信号一般较微弱，通常需要先进行放大。同时，有的传感器（如电感式、电容式和交流应变电桥等）输出的是调制过的模拟信号，还需用解调器解调。测得的信号中混有多种干扰，常需要滤波器来滤除。有些被测参数比较复杂，往往还要进行必要的运算才能获取被测量，即运算电路。为了便于远距离传送、显示或 A-D 转换，常需要将电压、电流、频率三种形式的模拟电信号进行相互变换，即变换电路。在图 1-1-1 中，被测信号一直是以模拟形式存在和传送的，通道中各个环节都是对模拟信号进行这样或那样的处理，这样的电路统称为信号处理电路。常规的模拟测量仪表，其测量结果是以模拟形式显示的，因为其检测电路（又称为模拟测量电路）主要就是信号处理电路。

2. 数字检测电路

一些数字化测试仪表，特别是计算机化检测与控制系统，测试结果除要用数字形式显示外，还要用计算机进行处理，因此，其检测电路除了对被测信号进行必要的处理外，还要将模拟信号转换成便于数字显示或计算机处理的数字信号。实现模拟信号数字化的电路称为数据采集电路。数字检测电路一般由传感器、信号处理电路和数据采集电路三部分组成，如图 1-1-2 所示。图中，数据采集电路由多路开关、主放大器、采样保持器和模-数转换器构成。其中，多路开关用来对多路模拟信号进行采样；主放大器对采样得到的信号进行程控增益放大或瞬时浮点放大；采样保持器对放大后的信号进行保持；模-数转换器在保持期间将保持的模拟信号电压转换成相应的数字信号电压。如果被测信号的幅度变化范围不大，则主放大器可省去。

对比图 1-1-1 与图 1-1-2 可知，数字检测电路与模拟检测电路的区别就在于数字检测电路中包含数据采集电路。

三、工业控制系统基础知识

任何一个工业控制系统都必然要应用一定的自动检测单元和相应的仪表，自动检测单元和仪表两部分是紧密相关和相辅相成的，它们是控制系统的重要基础。自动检测单元完成对各种过程参数的测量，并实现必要的数据处理；仪表单元则是实现各种控制作用的手段和条件，将检测得到的数据进行运算处理，并通过相应的单元实现对被控变量的调节。新技术的不断出现，使传统的自动控制系统以及相关的自动检测和仪表技术都发生了很大变化。

1. 典型检测仪表控制系统

现以化学工业中用天然气做原料生产合成氨的控制系统为例，介绍典型检测仪表控制系统。图1-1-3所示为该系统的脱硫塔控制流程图。天然气在经过脱硫塔时，需要进行控制的参数分别为压力、液位和流量，这将构成压力控制（PC）、液位控制（LC）和流量控制（FC）三个单参数调节控制系统。

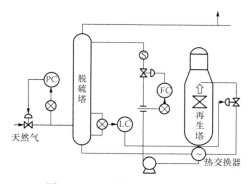

图1-1-3　脱硫塔控制流程图

例如，实现脱硫塔压力调节控制的单参数控制（PC）子系统结构如图1-1-4所示。该系统中，进行压力参数检测及实现检测信号转换和传输的单元称为压力变送单元；实现控制调节规律计算的单元称为调节单元；最终实现被控变量控制作用的单元称为执行单元。为了实现调节控制作用，首先测量进入脱硫塔的天然气压力，检测到的信号经转换后，以标准信号制式传输到实现调节运算的调节单元；调节单元在接收到测量信号后，立即与给定单元的设定压力值进行比较，并根据设定的控制规律计算出实现调节控制作用所需的控制信号；为保证能够驱动相应的设备实现对被控变量的调节，控制信号还需借助专用的执行单元实现控制信号的转换与保持。

同理，考虑单独实现脱硫塔流量调节控制的情况，流量控制（FC）子系统结构如图1-1-5所示。其中，流量变送单元是专门用于流量检测信号转换和传输的仪表变送单元，而安全栅的增加则是为了实现安全火花防爆特性。

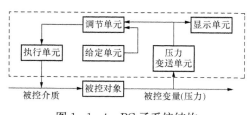

图1-1-4　PC子系统结构

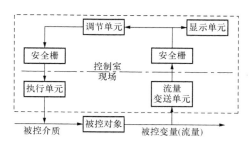

图1-1-5　FC子系统结构

在无特殊条件要求下，常规工业检测仪表控制系统的构成基本相同，而与具体采用的仪表类型无关。这里所说的基本构成包括被控对象、变送器、显示仪表、调节器、给定器和执行器等。各控制子系统由于被控变量的不同，采用的变送器和调节器的控制规律也有所不同。

2. 检测仪表控制系统结构分析

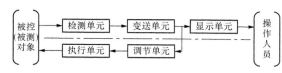

图1-1-6　检测仪表控制系统的一般结构

总结1.1.3节所述的几种情况，并由此推广到常规情况下的工业过程控制系统，检测仪表控制系统的一般结构可概括如图1-1-6所示。

显然，图1-1-6所示为闭环回路控制

系统。为了突出被控对象和操作人员在控制系统中的地位，对传统意义上的回路结构进行了适当的调整。被控（被测）对象是控制系统的核心，它可以是单输入/输出对象，即常规的回路控制系统；也可以是多输入/输出对象，此时通常需采用计算机仪表控制系统，如直接数字控制系统（DDC）、集散控制系统（DCS）和现场总线控制系统（FCS）。

检测单元是控制系统实现调节控制作用的基础，它完成对所有被控变量的直接测量，包括温度、压力、流量、液位、成分等；同时也可实现某些参数的间接测量，如采用信息融合技术实现的测量。

变送单元完成对被测变量信号的转换和传输，其转换结果须符合国际标准的信号制式，即1～5V（DC）或4～20mA（DC）模拟信号或各种仪表控制系统所需的数字信号。

显示单元是控制系统的附属单元，它将检测单元测量获得的有关参数，通过适当的方式显示给操作人员，这些显示方式包括曲线、数字和图像等。

调节单元完成调节控制规律的运算，它将变送器传输来的测量信号与给定值进行比较，并对比较结果进行调节运算，输出控制信号。调节单元采用的常规控制规律包括位式调节和PID调节，而PID控制规律又根据实际情况的需要产生出各种不同的改进型。

执行单元是控制系统实施控制策略的执行机构，它负责将调节器的控制输出信号按执行机构的需要产生出相应的信号，以驱动执行机构实现对被控变量的调节作用。通常执行单元分气动、液动和电动三类。

这里需要特别说明的是，图1-1-6所示的只是控制系统的逻辑结构。当采用传统检测和仪表单元构成控制系统时，这种结构与实际系统相同，即图中相关两个单元间采用点对点的连接方式。有时检测单元和变送单元及显示单元的界限并不明显，会构成功能组合单元。而在网络化的控制回路系统中，多数检测和仪表单元均通过网络相互连接。

四、自动检测技术的基本性能

自动检测技术和仪表中常用的基本性能指标，包括测量范围及量程、基本温差、准确度等级、灵敏度、分辨率、漂移、可靠性以及抗干扰性能指标等。

1. 测量范围、上下限及量程

每个用于测量的仪表都有测量范围，它是该仪表按规定的准确度进行测量时被测量的范围。测量范围的最小值和最大值分别称为测量下限和测量上限，简称下限和上限。

仪表的量程 R 可以用来表示其测量范围的大小，是其测量上限值 R_U 与下限值 R_L 的代数差，即

$$R = R_U - R_L \tag{1-1-1}$$

使用下限与上限可完全表示仪表的测量范围，也可确定其量程。例如，一个温度测量仪表的下限是$-50℃$，上限是$150℃$，则其测量范围可表示为$-50～150℃$，量程为$200℃$。由此可见，给出仪表的测量范围便知其上、下限及量程；反之，只给出仪表的量程，却无法确定其上下限及测量范围。

仪表测量范围的另一种表示方法是给出仪表的零点即测量下限及仪表的量程。由前面的分析可知，只要仪表的零点和量程确定了，其测量范围也就确定了，这是更为常用的一种表示方式。

2. 零点迁移和量程迁移

在实际使用中，由于测量要求或测量条件的变化，需要改变仪表的零点或量程，即对仪

表进行零点和量程的调整。通常将零点的变化称为零点迁移,而量程的变化则称为量程迁移。

以被测变量值相对于量程的百分数为横坐标,记为 X;以仪表指针位移或转角相对于标尺长度的百分数为纵坐标,记为 Y,可得到仪表的标尺特性曲线 $X—Y$。假设仪表标尺是线性的,其标尺特性曲线可如图 1-1-7 中的线段 1 所示。

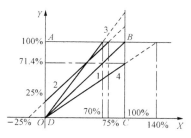

图 1-1-7 零点迁移和量程迁移

单纯的零点迁移情况如线段 2 所示,此时仪表量程不变,其斜率也保持不变,线段 2 只是线段 1 的平移,理论上零点迁移到了原输入值的 -25%,终点迁移到了原输入值的 75%,而量程则仍为 100%。单纯的量程迁移情况如线段 3 或线段 4 所示,此时零点不变,线段仍通过坐标系原点,但斜率发生了变化,理论上量程迁移到了原来的 70% 或 140%。

由于受仪表标尺长度和输入通道对输入信号的限制,实际的标尺特性曲线通常只限于正边形 $ABCD$ 内部,即实线部分;虚线部分只是理论上的结果,无实际意义。因此,线段 2 的实际效果是标尺有效使用范围迁移到原来的 $25\%\sim100\%$,测量范围迁移到原来的 $0\sim75\%$。线段 3 的实际效果是标尺仍保持原来有效范围的 $0\sim100\%$,测量范围迁移到了原来的 $0\sim70\%$。同理,考虑图中线段 4 所示的量程迁移情况,其理论上零点没有迁移,量程迁移到原来的 140%;而实际上标尺只保持了原来有效范围的 $0\sim71.4\%$,测量范围则仍为原来的 $0\sim100\%$。

零点迁移和量程迁移可以扩大仪表的通用性。但是,迁移条件以及迁移量的大小,还需视具体仪表的结构和性能而定。

3. 灵敏度和分辨率

灵敏度是仪表对被测参数变化的灵敏程度,常以在被测参数改变时,经过足够时间仪表指示值达到稳定状态后,仪表输出变化量 ΔY 与引起此变化的输入变化量 ΔU 之比表示,即

$$S = \Delta Y / \Delta U \tag{1-1-2}$$

可见,灵敏度也就是图 1-1-7 所示标尺特性曲线的斜率。因此,量程迁移就意味着灵敏度的改变;而如果仅仅是零点迁移则灵敏度不变。

由式(1-1-2)可知,灵敏度实质上等同于仪表的放大倍数。只是由于 U 和 Y 都有具体量纲,灵敏度也有量纲,且由 U 和 XY 确定;而放大倍数没有量纲。所以灵敏度的含义比放大倍数要广泛得多。

在由多个仪表组成的测量或控制系统中,灵敏度具有可传递性。例如,首尾串联的仪表系统(即前一个仪表的输出是后一个仪表的输入),其总灵敏度是各仪表灵敏度的乘积。

常容易与仪表灵敏度混淆的概念是仪表分辨率。仪表分辨率是仪表输出能响应和分辨的最小输入量,又称仪表灵敏限。分辨率是灵敏度的一种反映,一般说仪表的灵敏度高,则其分辨率同样也高。因此实际中主要希望提高仪表的灵敏度,从而保证其分辨率较好。

4. 误差

仪表指示装置所显示的被测值称为示值,它是被测真值的反映。严格地说,被测真值只是一个理论值,因为无论采用何种仪表测到的值都有误差。实际中常将用适当准确度等级的

仪表测出的或用特定的方法确定的约定真值代替真值。例如，使用国家标准计量机构标定过的标准仪表进行测量，其测量值即可作为约定真值。

示值 V_I 与公认的约定真值 V_R 之差称为绝对误差 E_A，即

$$E_A = V_I - V_R \qquad (1-1-3)$$

绝对误差通常可简称为误差。当误差为正时表示仪表的示值偏大，反之偏小。

绝对误差与约定真值之比称为相对误差 E_R，常用百分数表示，即

$$E_R(\%) = E_A/V_R \qquad (1-1-4)$$

虽然用绝对误差占约定真值的百分数来衡量仪表的准确度比较合理，但仪表多应用在测量接近上限值的量，用量程取代式（1-1-4）中的约定真值，则得到引用误差

$$E_f(\%) = E_A/R \qquad (1-1-5)$$

考虑整个量程范围内的最大绝对误差与量程的比值，则获得仪表的最大引用误差

$$最大引用误差(\%) = 最大绝对误差 / 量程 \qquad (1-1-6)$$

最大引用误差与仪表的具体示值无关，可以更好地说明仪表测量的准确程度。它是仪表基本误差的主要形式，是仪表的主要质量指标之一。

仪表在出厂时要规定引用误差的允许值，简称允许误差。若将仪表的允许误差记为 Q，最大引用误差记为 Q_{max}，则两者之间满足如下关系：

$$Q_{max} \leqslant Q \qquad (1-1-7)$$

任何测量都是与环境条件相关的，包括环境温度、相对湿度、电源电压和安装方式等。仪表使用时应严格按规定的环境条件即参比工作条件进行测量，此时获得的误差称为基本误差；因此如果在非参比工作条件下进行测量，获得的误差除包含基本误差外，还会包含额外的误差，又称附加误差，即

$$误差 = 基本误差 + 附加误差 \qquad (1-1-8)$$

以上的讨论基本针对仪表的静态误差。静态误差是指仪表静止状态时的误差，或被测量变化十分缓慢时所呈现的误差，此时不考虑仪表的惯性因素。仪表还存在动态误差。动态误差是指仪表因惯性迟延所引起的附加误差，或变化过程中的误差。仪表静态误差的应用更为普遍。

5. 准确度

任何仪表都有一定的误差。因此，使用仪表时必须先知道该仪表测量的准确程度，以便估计测量结果与约定真值的差距，即估计测量值的大小。仪表的准确度通常是用允许的最大引用误差去掉百分号（％）后的数字来衡量的。

按仪表工业规定，仪表的准确度划分成若干等级，称为准确度等级，如 0.1、0.2、0.5、1.0、1.5、2.5、4 级等。由此可见，准确度等级的数字越小，准确度越高。

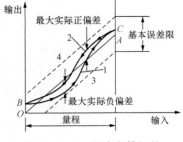

图 1-1-8　准确度等级的
确定过程

仪表准确度等级的确定过程如图 1-1-8 所示。为便于观察和理解，对其中的偏差做了有意识地放大。图中，直线 OA 是理想的输入/输出特性曲线，虚线 3 和 4 是基本误差的下限和上限。在检定或校验过程中所获得的实际特性曲线记为曲线 1 和 2，其中曲线 1 是输入值由下限值到上限值逐渐增大时获得的，称为实际上升曲线；而曲线 2 是输入值由上限值到下限值逐渐减小时获得的，称为实际下

降曲线。由曲线 1 和 2 与直线 OA 的偏差，可分别得到最大实际正偏差和负偏差。可见，曲线 1 和 2 越接近直线 OA，即仪表的基本误差限越小，仪表的准确度等级越高。

6. 滞环、死区和回差

仪表内部的某些元件具有储能效应，如弹性变形、磁滞现象等，使得仪表检测所得的实际上升曲线和实际下降曲线常出现不重合的情况，即仪表的特性曲线成环状，如图 1-1-9 所示。该种现象称为滞环。显然在出现滞环现象时，仪表的同一输入值常对应多个输出值，并出现误差。

仪表内部的某些元件具有死区效应，如传动机构的摩擦和间隙等，其作用也可使得仪表检测所得的实际上升曲线和实际下降曲线出现不重合。这种死区效应使得仪表输入在小到一定范围后不足以引起输出的变化，这一范围称为死区。考虑仪表特性曲线呈线性关系的情况，其特性曲线如图 1-1-10 所示。因此，存在死区的仪表要求输入值大于某一限度时才能引起输出的变化。死区也称为不灵敏区，理想情况下，不灵敏区的宽度是灵敏限的 2 倍。某个仪表可能既具有储能效应，也具有死区效应，其综合效应是以上两者的结合。典型的特性曲线如图 1-1-11 所示。

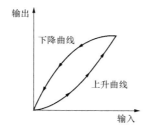

图 1-1-9 滞环效应分析

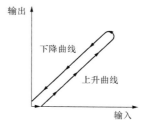

图 1-1-10 死区效应分析

在以上各种情况下，实际上升曲线和实际下降曲线间都存在差值，其最大的差值称为回差，亦称变差，或来回变差。

7. 重复性和再现性

在同一工作条件下，同方向连续多次对同一输入值进行测量，所得的多个输出值之间相互一致的程度称为仪表的重复性，它不包括滞环和死区。例如，在图 1-1-12 中列出了在同一工作条件下测出的三条实际上升曲线，其重复性就是指这三条曲线在同一输入值处的离散程度。实际上，某种仪表的重复性常用上升曲线的最大离散程度和下降曲线的最大离散程度两者中的最大值来表示。

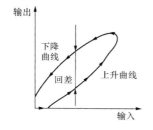

图 1-1-11 典型的特性曲线

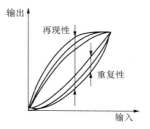

图 1-1-12 重复性和再现性分析

再现性包括滞环和死区，它是仪表实际上升曲线和实际下降曲线之间离散程度的表示，常取两种曲线之间离散程度最大点的值来表示，如图 1-1-12 中所示。

重复性是衡量仪表不受随机因素影响的能力，再现性是仪表性能稳定的一种标志，因而在评价某种仪表的性能时常同时要求其重复性和再现性。重复性和再现性优良的仪表并不一定准确度高，但高准确度的优质仪表一定有很好的重复性和再现性。

8. 可靠性

表征仪表可靠性的尺度有多种，最基本的是可靠度，它是衡量仪表能够正常工作并发挥其功能的程度。简单来说，如果有 100 台同样的仪表，工作 1000h 后约有 99 台仍能正常工作，则可以说这批仪表工作 1000h 后的可靠度是 99%。

可靠度的应用也可体现在仪表正常工作和出现故障两个方面。在正常工作方面的体现是仪表平均无故障工作时间。以相邻两次故障时间间隔的平均值为指标，可很好地表示平均无故障工作时间。在出现故障方面的体现是平均故障修复时间，它表示的是仪表修复所用的平均时间，由此可从反面衡量仪表的可靠度。

基于以上分析，综合考虑常规要求，即在要求平均无故障工作时间尽可能长的同时，又要求平均故障修复时间尽可能短，综合评价仪表的可靠性，引出综合性指标——有效度，其定义为

有效度＝平均无故障工作时间 /（平均无故障工作时间 ＋ 平均故障修复时间）

$$(1-1-9)$$

五、检测仪表技术发展趋势

工业控制系统中的检测技术和仪表系统，是实现自动控制的基础。随着新技术的不断涌现，特别是先进检测技术、现代传感技术、计算机技术、网络技术和多媒体技术的出现，给传统式的控制系统甚至计算机控制系统都带来了极大的冲击，并由此引出许多崭新的发展方向。归纳起来，主要包括：

（1）成组传感器的复合检测。

（2）微机械量检测技术。

（3）智能传感器的发展。

（4）各种智能仪表的出现。

（5）计算机多媒体化的虚拟仪表。

（6）传感器、变送器和调节器的网络化产品。

对工业检测仪表控制系统来说，以上的发展还远不是终点。由这些发展所产生的更深层次的变化正在悄然兴起，并越来越得到了各行各业的认同。这些深层次的变化包括：

（1）控制系统的控制网络化。

（2）控制系统的系统扁平化。

（3）控制系统的组织重构化。

（4）控制系统的工作协调化。

如何针对检测技术和仪表系统提出一系列新的概念和必要的理论，以面对高新技术的挑战，并适应当今自动化技术发展的需要，是目前亟待解决的关键问题。

六、检测误差分析基础

人们对物理量或参数进行检测时，首先要借助一定的检测手段取得必要的测量数据，而

后要对测得的数据进行误差分析或准确度分析，之后才可以进行数据处理。误差分析与选择测量方法是同样重要的，因为只有掌握了数据的可确定程度才能做出相应的科学和经济的判断与决策。

通过学习误差分析理论，可以掌握以下要点：①根据检测目的选择测量准确度；②误差原因分析及误差的表示方法；③间接检测时误差的传递法则；④平均值误差的估计以及粗大误差的检验；⑤根据测量数据推导实验公式等。

1. 检测准确度

检测或测量的准确度是相对而言的。测量地球的直径还不能达到以米为单位的测量准确度，但是测量几厘米大小的钢球直径则需要以毫米为单位的测量准确度。现代科学的发展，使以原子或分子大小的准确度进行加工成为现实，出现了许多精密检测方法。目前光学精密检测仪器分辨力多已达到了 $0.01\mathrm{m}$；至于微机械加工，则要求纳米（$10^{-9}\mathrm{m}$）级的检测分辨力。

对于测量准确度高的检测方法或仪器，其要求的使用条件也相对严酷，如需要恒定的温度、高清洁度等环境条件以及操作人员的技术水平等，相应的测量成本也高，维护费用大。所以在解决实际问题中不是准确度越高越好，而是要权衡条件，根据实际需要选择恰当的测量准确度。测量准确度可以用误差来表示，准确度低即测量误差大。

2. 误差分类

根据误差的特性不同，可以分为系统误差、随机误差、粗大误差三大类。

（1）系统误差。系统误差是指由测量器件或测量方法引起的、有规律的误差，体现为：测量结果与真值之间的偏差，如仪器零点误差；温度、电磁场等环境条件引起的误差；动力源引起的误差等。这种误差的绝对值和符号保持不变，或测量条件改变误差服从某种函数关系变化。

系统误差在掌握误差产生的原因后，可以对仪器加以校对，改变测试环境进行检查，以便找出系统误差的数值，并设法将其排除。例如，转盘偏心引起的角速度测量误差按正弦规律变化，对正中心可以消除这种误差。

（2）随机误差。

由随机因素引起的、一般无法排除并难以校正的误差，称为随机误差。在同一条件下反复测试，可以发现随机误差的概率服从统计学规律，误差理论正是针对随机误差的这种规律，对所得的一组有限数据进行统计学处理，来估测测量真值的学问。随机误差的特点是误差的符号和大小都随时间不断发生变化。影响这一误差的因素很多，而且每一因素对测量值或只有微小影响，随机误差是这些微小影响的总和。产生随机误差的有些因素虽然知道，如空气干燥程度、净化程度以及气流大小或方向等都对测量结果有微小的影响，但无法准确控制；另外还有一些产生随机误差的因素无法确定。

（3）粗大误差。

粗大误差是指由于观测者误读或传感要素故障而引起的歧异误差，测量中应避免这种误差的出现。含有粗大误差的测量值称为坏值。根据统计检验方法的准则，可以判断测量值是否为坏值，若是则应当剔除。排除这类误差也要遵循一定的规则。

思　考　题

1-1-1　检测及仪表在控制系统中起什么作用？两者的关系如何？

1-1-2 典型检测仪表控制系统的结构是怎样的？各单元主要起什么作用？

1-1-3 传统回路控制系统与网络化控制回路有什么区别？

1-1-4 什么是仪表的测量范围、上下限和量程？彼此有什么关系？

1-1-5 如何才能实现仪表的零点迁移和量程迁移？

1-1-6 什么是仪表的灵敏度和分辨率？两者间存在什么关系？

1-1-7 仪表的准确度是如何确定的？

1-1-8 衡量仪表的可靠性有哪些方法？常用的方法有哪些？

任务二　温度传感器及检测仪表

在检测与控制系统中，检测与控制对象常是温度、压力、物位、流量等各种非电量。这些非电量通常要先利用传感器转换成电信号，以便进行检测与控制。

为了实现检测与控制系统中传感器与其他装置的兼容性和互换性，转换成的电信号必须采用统一的国际标准。1973 年 4 月，国际电工委员会（IEC）第 65 次技术委员会通过了一个标准，规定了传感器输出电信号的规格：模拟直流电流信号为 0～10mA（DC）或 4～20mA（DC），模拟直流电压信号为 1～5V（DC）。

变送器是一种将非标准电信号转换为统一的标准电信号的装置，有些变送器还兼具信号检测功能。因此，变送器是一种输出标准电信号的传感器。

一、温度测量的基本概念

温度传感器是检测温度的器件，种类多，应用广，发展也很快。工业生产中使用的各种材料及大部分都有随温度变化的特征，但作为实用传感器材料必须满足如下条件：

（1）在使用温度范围内，温度特性曲线符合要求的准确度。为了在较宽的温度范围内进行检测，温度系数不宜过大，但对于狭窄的温度范围或定点检测，温度系数越大，检测电路也越简单。

（2）为了将温度传感器用于电子电路的检测装置，选用材料要具有检测便捷和易于处理的特性。随着半导体器件和信号处理技术的进步，温度传感器输出特性应能满足要求。

（3）特性的偏移和蠕变越小越好，互换性要好。

（4）对于温度以外的物理量不敏感。

（5）体积小，安装要方便。为了能正确测量温度，传感器的温度必须与被测物体的温度相等。传感器体积越小，这个条件越容易满足。

（6）要有较好的机械及化学性能。这对于应用在振动和有害气体环境中的温度传感器特别重要。

（7）无毒、安全以及价廉，维修、更换方便等。

二、温度传感器的分类与选型

温度传感器分类方法很多，可按工作方式、测温范围、性能特点等多方面来分类。根据传感器与被测介质是否接触可分为接触式和非接触式；根据测量的工作原理可分为膨胀式、压力式、热电阻、热电偶和辐射式等。常用温度传感器按测温方式分类见表 1-2-1。

表 1 - 2 - 1　　　　　　　　　　　　常用温度传感器按测温方式分类

测温方式	测温原理或敏感元件		温度传感器或测温仪表
接触式	体积变化	固体热膨胀	双金属温度计
		液体热膨胀	玻璃液体温度计、液体压力式温度计
		气体热膨胀	气体温度计、气体压力式温度计
	电阻变化	金属热电阻	铂、铜、铁电阻温度计
		半导体热敏电阻	碳、锗、金属氧化物等半导体温度计
	电压变化	PN 结电压	PN 结数字温度计
	热电动势变化	廉价金属热电偶	镍铬—镍硅热电偶、铜—铜镍热电偶等
		贵重金属热电偶	铂铑$_{10}$—铂热电偶、铂铑$_{30}$—铂铑$_6$热电偶等
		难熔金属热电偶	钨镍系列热电偶等
		非金属热电偶	碳化物、硼化物热电偶等
	频率变化	石英晶体	石英晶体温度计
	其他	其他	光纤温度传感器、声学温度计等
非接触式	热辐射能量变化	比色法	比色高温计
		全辐射法	辐射感温式温度计
		亮度法	日光亮度高温计、光电亮度高温计等
		其他	红外温度计、火焰温度计、光谱温度计等

1. 温度传感器的分类

（1）接触式温度传感器。指传感器直接与被测物体接触进行温度测量，这是温度测量的基本形式。这类温度传感器的特点是通过接触方式，将被测物体的热量传递给传感器，降低了被测物体的温度，特别是被测物体热容量较小时，测量准确度较低。因此，采用这种方式测得物体的真实温度，前提条件是被测物体的热容量要足够大且大于温度传感器。

接触式温度传感器有热电偶、热敏电阻等，利用其随温度变化而产生热电动势或电阻阻值改变的特性来测量物体的温度，一般还与开关组合的双金属片或磁继电器开关一起进行控制。热电偶是利用铜 - 康铜、镍铬 - 镍铝、铂 - 铂铑等不同金属或合金的接合界面上，由于出现温度差而产生热电动势，测量这个电动势来测量物体温度的。热敏电阻是一种如氧化半导体陶瓷的电阻体，其阻值随温度变化非常显著，热敏电阻有正温度系数的 PTC，负温度系数的 NTC，还有达到一定温度时阻值急剧变化的 CTR。热敏电阻传感器是将测温电阻体构成桥路对温度进行测量，这样可消除由于环境温度变化引起的温漂，并能减小测量值的偏移及噪声。这种传感器简便、小型、坚固，并且设计简单，除广泛应用于微波炉、电热毯、空调等家用电器以外，还广泛应用于汽车、船舶等。

（2）非接触式温度传感器通过检测光传感器中的红外线来测量物体的温度，分为利用半导体吸收光而使电子迁移的量子型和吸收光而引起温度变化的热型传感器。非接触温度传感器广泛应用于辐射温度计、报警装置、自动门、气体分析仪、分光光度仪等。

2. 热电偶温度传感器

热电偶是目前应用最广泛的温度传感器。其特点是结构简单，仅由两根不同的导体或半导体材料焊接或绞接而成；测温的精确度和灵敏度足够高；稳定性和复现性较好；动态响应快；测温范围广；电动势信号便于传送。

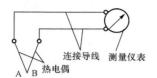

图 1-2-1　简单的
热电偶测温系统

简单的热电偶测温系统如图 1-2-1 所示。热电偶是由两种不同材料的导体（或半导体）A、B 焊接而成。焊接的一端为工作端（又称热端），与导线连接的一端为自由端（又称冷端），导体 A、B 称为热电极，总称热电偶。测量时将其工作端与被测介质相接触，测量仪表常为动圈仪表或电位差计，用来测量热电偶的热电动势，连接导线为补偿导线及铜导线。

（1）热电偶的工作原理。

在图 1-2-2（a）中，两种不同的导体（或半导体）A、B 组成闭合回路，两接点温度分别为 t 和 $t_0(t > t_0)$，回路中产生一个电动势。这个物理现象就是塞贝克效应，此电动势称为热电动势。热电动势的产生由接触电动势与温差电动势两部分组成。

接触电动势是两种不同的导体因自由电子密度不同而在接触处形成的电动势，又称帕尔帖电动势。此电动势与材质、温度有关，表示为 $e_{AB}(t)$、$e_{AB}(t_0)$，A 为正极，B 为负极。

温差电动势是同一材质导体因两端温度不同而产生的电动势，又称汤姆逊电动势。此电动势与导体的材质、温度有关，表示为 $E_A(t, t_0)$、$E_B(t, t_0)$。

一般情况下，热电偶的接触电动势远大于温差电动势，故其热电动势的极性取决于接触电动势的极性。因此，在两个热电极中，自由电子密度大的导体 A 是正极，自由电子密度小的导体 B 为负极。热电动势 $E_{AB}(t, t_0) = e_{AB}(t) - e_{AB}(t_0)$。热电偶所产生的热电动势大小与热电极的长度和直径无关，只与热电极材料和两端温度有关。

测量热电动势的大小，还须在测量回路中接入测量仪表、连接导线等。在热电偶回路中，只要保证热电偶断开点的两端温度相同，接入的第三种导体 C 不影响原来热电偶回路的热电动势。利用此性质可在回路中接入各种仪表和连接导线，如图 1-2-2（b）所示。

图 1-2-2　热电偶电路的构成
（a）两种不同的导体组成的闭合回路；（b）接入回路中的导线

将热电偶的热电动势与工作端温度之间的关系制成的表格，称为热电偶的分度值。热电偶是在自由端温度为 0℃时进行分度的，若自由端温度不为 0℃，而为 t_0，则热电动势与温度之间构成的关系为

$$E_{AB}(t, t_0) = E_{AB}(t, 0) - E_{AB}(t_0, 0) \qquad (1-2-1)$$

式中：$E_{AB}(t, 0)$ 和 $E_{AB}(t_0, 0)$ 分别为该热电偶的工作端温度为 t 和 t_0 而自由端温度为 0℃时的热电动势。

（2）常用热电偶的要求。

根据热电偶测温的基本原理，理论上任意两种不同材料的导体或半导体均可作为热电极组成热电偶，但为保证可靠地进行具有足够准确度的温度测量，对热电极材料必须进行严格选择。一般有以下要求：在测温范围内，材料的物理、化学稳定性要高；电阻温度系数小；导电率高；组成热电偶后产生的热电动势要大；热电动势与温度要有线性关系或简单的函数关系；复现性好；便于加工成丝等。

目前我国广泛使用的热电偶已标准化，按 IEC（国际电工委员会）于 1977 年制定的常用七种标准型热电偶的国际标准生产，并制订了相应的国家标准。

（3）热电偶的结构。

热电偶通常由热电极、绝缘子、保护管、接线盒四部分组成，其结构如图 1-2-3 所示。

热电极材料的直径是由材料价格、机械强度、电导率以及热电偶的用途、测温范围等因素决定的，贵金属热电极的直径一般为 0.3～0.65mm，普通金属热电极的直径一般为 0.5～3.2mm，热电极的长度由安装条件及插入深度而定，一般为 350～2000mm。通常以热电极的材料类别来确定热电偶的名称，写在前面的电极为

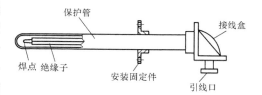

图 1-2-3　热电偶的结构

正，后者为负。绝缘子用来防止两根热电极短路。保护管套在热电极和绝缘子外边，其作用是将热电极与被测介质隔离，使热电极免受化学腐蚀和机械损伤，从而获得较长的使用寿命和测温的准确性。接线盒用来连接热电偶和补偿导线，必须密封良好，以防灰尘、水分及有害气体侵入保护管内。接线盒的接线端子上要注明热电极的正、负极，以便正确接线。接线盒通常用铝合金制成，并分为普通型和密封型两种。

热电偶的结构形式可根据用途和安装位置的具体情况而定。除上述带保护管的形式外，还有薄膜式和套管式（或称铠装）热电偶。

1）铠装热电偶是由热电极、绝缘材料和金属套管经拉伸加工而成的组合体，它可以做得很长、很细，在使用中可以按测量需要弯曲。套管材料为铜、不锈钢或镍基高温合金等。热电极和套管之间填满了粉末状的绝缘材料，常用的绝缘材料有氧化镁、氧化铝等。目前生产的铠装热电偶外径为 0.25～12mm，多种规格。它的长短根据需要来定，最长可大于 100m。铠装热电偶的主要优点是测量端热容量小，动态响应快，机械强度高，挠性好，耐高压，耐强烈震动和冲击，可安装在结构复杂的装置上，因此广泛应用于工业生产中。

2）薄膜热电偶是由两种金属薄膜连接而成的一种特殊结构的热电偶。薄膜热电偶的测量端既小又薄，热容量很小，可用于微小面积上的温度测量；动态响应快，可测量瞬变的表面温度。其中，片状结构的薄膜热电偶是采用真空蒸镀法将两种电极材料蒸镀到绝缘基板上，上面再蒸镀一层 SiO_2 薄膜作为绝缘和保护层。应用时薄膜状热电偶用黏胶剂紧贴在被测物表面，所以热量损失极小，测量准确度大大提高。使用温度受到黏胶剂和衬垫材料的限制，这类产品只能用于 -200～300℃ 温度测量，时间常数小于 0.01s。

（4）热电偶自由端补偿导线的选用。

利用热电偶测温，必须保证自由端温度恒定。但在实际工作中，热电偶的自由端靠近设备或管道，使得自由端温度会受到环境温度和设备或管道中介质温度的影响。因此，自由端温度难于保持恒定。为了准确测量温度，必须设法使自由端延伸到远离被测对象且温度稳定的地方。如果把热电偶做得很长，就会安装使用不方便，因热电极多为贵金属，所以成本高。人们从实践中发现，某些便宜金属组成的热电偶在 0～100℃ 范围内的热电特性与已经

标准化的热电偶热电特性非常接近。因此，可以用这些导线来代替原有热电极，将热电偶的自由端延伸出来，这种方法称为补偿导线法。不同的热电偶要求配用不同的补偿导线。使用补偿导线时，补偿导线的正、负极必须与热电偶的正、负极同名端对应相接。正、负两极的接点温度 t_0 应保持相同，延伸后的自由端温度应当恒定，这样应用补偿导线才有意义。

（5）热电偶自由端温度补偿的方法。

利用热电偶测温，其温度与热电动势关系曲线是在自由端温度为 0℃ 时分度的，利用补偿导线仅仅使自由端延伸到了温度较低或比较稳定的操作室，并没有保证自由端温度为 0℃，因此，测量结果就会存在误差。为了消除这种误差，必须进行自由端温度补偿。常采用以下几种补偿方法。

1）自由端温度校正法（又称公式修正法）。若自由端温度不为 0℃，而是某一恒定温度 t_0，则测得的热电动势为取 $E_{AB}(t, t_0)$，由公式求得实际温度所对应的热电动势为

$$E_{AB}(t, 0) = E_{AB}(t, t_0) + E_{AB}(t_0, 0) \tag{1-2-2}$$

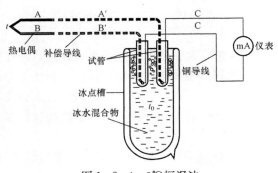

图 1-2-4　0℃恒温法

2）0℃恒温法（又称冰浴法）。如图 1-2-4 所示，将热电偶的自由端放入装有绝缘油的试管中，该试管则置于装有冰水混合物的恒温器内，使自由端温度保持 0℃，然后用铜导线引出。此法多用于实验室中。

3）校正仪表零点法。一般仪表未工作时，指针指在机械零点处。在自由端温度比较稳定的情况下，可预先将仪表的机械零点调整到相当于自由端温度（一般是室温）的数值，来补偿测量时仪表指示值偏低造成的影响。由于室温不是恒定，因此这种方法存在一定的误差；但由于方法简单，故在工业生产中应用广泛。

4）补偿电桥（又称自由端温度补偿器）法。它利用不平衡电桥产生的不平衡电压，来补偿热电偶因自由端温度变化而引起的热电动势变化，测温电路如图 1-2-5 所示。补偿电桥中的三个桥臂电阻 R_1、R_2、R_3 由锰铜丝制成，另一桥臂电阻 R_{Cu} 由铜丝制成。一般用补偿导线将热电偶的自由端延伸至补偿电桥处，使补偿电桥与热电偶自由端具有相同温度。

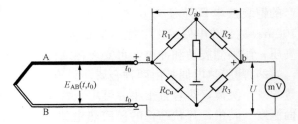

图 1-2-5　具有补偿电桥的热电偶测温电路

电桥通常在 20℃ 时平衡（$R_1 : R_3 = R_2 : R_{Cu}^{20}$），此时 $U_{ab} = 0$，电桥对仪表的读数无影响。当周围环境温度大于 20℃ 时，热电偶自由端温度升高使热电动势减小，由于 R_{Cu} 阻值的增加而使 b 点电位高于 a 点电位，在 b、a 对角线间有一不平衡电压 $U_{ba} > 0$ 输出，它与热电偶的热电动势叠加送入测量仪表。若选择的桥臂电阻和电流的数值适当，可使电桥产生不平衡电压，正好补偿由于自由端温度变化而引起的热电动势的变化值，使仪表指示出正确的温度。

由于电桥是在 20℃ 时平衡的，所以采用此法仍需把仪表的机械零点调到 20℃ 处。测量

仪表为动圈表时应使用补偿电桥，若测量仪表为电位差计则不需要补偿电桥。

3. 热电阻温度传感器

如果采用热电偶测 500℃以下的中、低温，会存在以下两个问题：①热电偶输出的热电动势很小，对电子电位差计的放大器和抗干扰措施要求都很高，仪表维修困难；②由于自由端温度变化而引起的相对误差突出，不易得到全补偿。因此，工业上广泛应用热电阻温度计来测量-200～500℃的温度。

（1）热电阻的测温原理。

利用导体或半导体的阻值随温度变化而变化的特性来测量温度的感温元件，称为热电阻。大多数金属在温度每升高 1℃时，其阻值要增加 0.4%～0.6%。热电阻温度计就是利用热电阻这一感温元件将温度的变化转化为阻值的变化，通过测量电桥将阻值变化转换成电压信号，然后送至显示仪表或记录被测温度。热电阻温度计具有输出信号大、测量准确、可远传、自动记录和实现多点测量等优点。

（2）热电阻的结构。

热电阻通常由电阻体、绝缘子、保护套管和接线盒四个部分组成，其中绝缘子、保护套管及接线盒部分的结构和形状与热电偶的相应部分相同。

将电阻丝绕在支架上就是电阻体。电阻体制作要精巧，在使用中不能因金属膨胀引起附加应力。为了避免通过交流电时存在电抗，热电阻在绕制时采用双线无感绕制法。热电阻作为反映电阻和温度关系的感温元件，要有尽可能大且稳定的电阻温度系数，稳定的化学和物理性能，电阻率要大，电阻值随温度变化的关系最好呈线性。目前常用的是铂热电阻和铜热电阻。

（3）铂热电阻和铜热电阻的性能及适用范围。

1）铂热电阻（WZP 型号）。铂是比较理想的热电阻材料，易于提纯，在氧化性介质中，甚至在高温下，其物理、化学性质都很稳定，且在较宽的温度范围内可保持良好的特性。但在还原性介质中，特别是在高温下，铂丝易变脆，并改变其电阻与温度间的关系。通常以 $W_{100}=R_{100}/R_0$ 来表示铂的纯度，其中，R_{100} 和 R_0 分别为铂电阻在 100℃ 和 0℃ 时的电阻值。国际电工委员会（IEC）标准规定，$W_{100}=1.3850$，R_0 值分为 10Ω 和 100Ω 两种（其中 100Ω 为优选值），测温范围为-200～850℃。铂热电阻的电阻值与温度之间的关系如下。

$t=-200$～0℃时，有

$$R_t=R_0+At+Bt^2+C(t-100℃)t^3 \qquad (1-2-3)$$

$t=0$～850℃时，有

$$R_t=(1+At+Bt^2) \qquad (1-2-4)$$

式中：t 为任意温度值；R 为温度为 t 时铂电阻的电阻值；R_0 为温度为 0℃ 时铂热电阻的电阻值；A、B、C 为常数，其中 $A=3.908\,02\times10^{-3}$（℃$^{-1}$），$B=-5.802\times10^{-7}$（℃$^{-4}$），$C=-4.273\,508\times10^{-12}$（℃$^{-4}$）。选定值 R_0，由上式即可列出铂热电阻的分度表。

目前我国常用的铂热电阻有两种：一种是 $R_0=10Ω$，其对应的分度号为 Pt10；另一种是 $R_0=100Ω$，其对应的分度号为 Pt100。

2）铜热电阻（WZC 型号）。铜的电阻温度系数大，价格便宜，易加工提纯，其电阻值与温度呈线性关系，在-50～150℃ 内有很好的稳定性。但温度超过 150℃ 后易被氧化，而失去线性特性，因此，它的工作温度一般不超过 150℃。铜的电阻率小，要具有一定的电阻值，铜电阻丝必须较细且长，因此热电阻体积较大，机械强度低。

在-50～150℃之间，铜热电阻的阻值与温度有如下关系

$$R_t = R_0(1 + \alpha t) \tag{1-2-5}$$

式中：R_t 为铜热电阻在温度为 t 时的电阻值；R_0 为铜电阻在 0℃ 时的电阻值；α 为铜电阻的电阻温度系数，$\alpha = 0.004\ 280$（℃$^{-1}$）

工业上用的铜热电阻有两种：一种是 $R_0 = 50\Omega$，其对应的分度号为 Cu50；另一种是 $R_0 = 100\Omega$，其对应的分度号为 Cu100。电阻比 $R_{100}/R_0 = 1.428$。

工业用热电阻安装在生产现场，而指示或记录仪表安装在控制室，其间的引线很长。连接热电阻的两根导线本身的电阻势必和热电阻串联在一起，造成测量误差。这个误差很难修

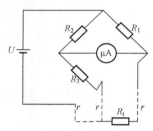

图 1-2-6 热电阻的
三线制接法

正，因为导线的阻值随环境温度的变化而变化，环境温度并非处处相同，且又变化莫测。因此，两线制连接方式不宜在工业热电阻上普遍应用。为避免或减少导线电阻对测温的影响，工业热电阻多采用三线制接法，如图 1-2-6 所示。即从热电阻引出三根导线，这三根导线直径、长度、阻值均相等。当热电阻与电桥配合时，其中一根串联在电桥的电源上，另外两根分别串联在电桥的相邻两臂中。这样相邻两臂的阻值同样变化，对测量结果的影响就可相互抵消。

工业热电阻有时用电桥不平衡程度指示温度，例如与动圈仪表配合，便可依靠电桥不平衡的程度来指示温度。这种情况下，虽然不能完全消除导线电阻对测温的影响，但采用三线制接法肯定会减少这个影响。

4. 半导体热敏电阻

半导体热敏电阻的特点是灵敏度高、体积小、反应快，它是利用半导体的阻值随温度显著变化的特性制成的；一般由某些金属氧化物按不同的配方比例烧结而成。在一定的范围内测量热敏电阻阻值的变化，便可知被测介质的温度变化，其特性如图 1-2-7 所示。

半导体热敏电阻基本可分为 NTC 型、CTR 型和 PTC 型三种类型。

（1）NTC 型热敏电阻。

大多数半导体热敏电阻具有负温度系数，称为 NTC 型热敏电阻。NTC 型热敏电阻主要由 Mn、Co、Ni、Fe 等金属的氧化物烧结而成，通过不同的材质组合，能得到不同的温度特性。根据需要，NTC 型热敏电阻可制成片状、棒状或珠状，直径或厚度约 1mm，长度往往不到 3mm。

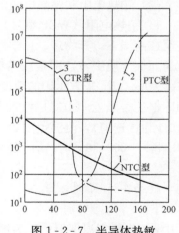

图 1-2-7 半导体热敏
电阻的特性

（2）CTR 型热敏电阻。

用 V、Ge、W、P 等元素的氧化物在弱还原气氛中形成烧结体，可制成临界型热敏电阻，即 CTR 型热敏电阻。它也是负温度系数类型，在某个温度范围内阻值急剧下降，曲线斜率在此区段特别陡峭，灵敏度极高。

（3）PTC 型热敏电阻。

PTC 型热敏电阻是以钛酸钡掺合稀土元素烧结而成的半导体陶瓷元件，具有正温度系数。其特性曲线随温度升高而阻值增大，且有斜率最大的区段。通过成分配比和添加剂的改变，可使其斜率最大的区段处于不同的温度范围内。

PTC 型和 CTR 型热敏电阻最适合制造位式测量的温度传感器，只有 NTC 型热敏电阻才适合制造连续作用的温度传感器。大多数热敏电阻测温范围为 -100~300℃。但是要特别注意的是，并非每个热敏电阻都能在这整个范围内工作。从图 1-2-7 可以看出：PTC 型和 CTR 型的特性曲线只有小段的区段是陡峭的，NTC 型也只有低温段斜率比较大。因此，热敏电阻不宜在宽阔温度范围里工作，但可以由多个适用于不同温度区间的热敏电阻分段切换，以达到 -100~300℃ 的测温范围。

5. 集成温度传感器

集成温度传感是指在一块极小的半导体芯片集成包括敏感器件、信号放大电路、温度补偿电路、基准电源电路等在内的各个单元，将传感器和集成电路融为一体，提高了传感器的性能，是实现传感器智能化、微型化、多功能化及提高检测灵敏度、实现大规模生产的重要保证。集成温度传感器具有测温准确度高、重复性好、线性优良、体积小、热容量小、稳定性好、输出电信号大等特点。与其他类型温度传感器相比，其工作温度范围较窄（-55~150℃之间）。

（1）AD590 系列集成温度传感器。AD590 是一种电流型集成温度传感器，其输出电流与环境绝对温度成正比，所以可以直接制成绝对温度仪。AD590 有 I、J、K、L、M 等型号系列，采用金属管壳封装，外形及电路符号如图 1-2-8 所示，各引脚功能见表 1-2-2。

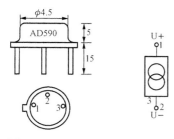

图 1-2-8 AD590 温度传感器
外形及电路符号

表 1-2-2　　　AD590 引脚功能

引脚编号	符号	功能
1	U+	电源正端
2	U-	电流输出端
3	—	金属管外壳，一般不用

AD590 具有良好的互换性和线性，灵敏度为 $1\mu A/K$，整个使用温度范围内误差小于 0.5℃。它还具有消除电源波动的特性，电源电压在 5~15V 内波动时，电流的变化在 $1\mu A$ 以下，即温度变化只有不到 1℃，因而广泛地应用在高准确度温度测量和计算等方面。表 1-2-3 列出了 AD590 系列集成温度传感器的主要电特性。

表 1-2-3　　　　　　　AD590 系列集成温度传感器的主要电特性

参数名称 \ 型号	AD59M	AD590J	AD590K	AD590L+	AD590M
最高正向电压（V）			44		
最高反向电压（V）			-20		
工作温度范围（℃）			-55~150		

续表

参数名称＼型号	AD59M	AD590J	AD590K	AD590L＋	AD590M
储存温度（℃）	−65～175				
工作电压范围（V）	4～30				
额定输出电流（25℃）	298.2μA				
额定温度系数（μA/℃）	1				
非线性（−55～150)℃	±3	±1.5	±0.8	±0.4	±0.3
校正误差（在25℃时）（℃）	±10	±5	±2.5	±1	±0.5

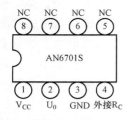

图 1-2-9 AN6701S
外形图

（2）AN6701S 集成温度传感器。

AN6701S 是一种电压型集成温度传感器，其输出电压和温度成正比。它采用塑料封装，外形如图 1-2-9 所示。各引脚功能见表 1-2-4。

AN6701S 内电路由温度检测部分、温度补偿调节部分、缓冲运放部分等电路组成，它的主要电特性见表 1-2-5。

AN6701S 具有灵敏度高、线性度好、准确度高和热应快速等特点，它尺寸小，分辨率高（可达 0.1℃），因此可用于温度计、体温计和温度控制电路，如在空调、电热毯、电磁炉及复印机等中均有应用。

表 1-2-4   AN6701S 引 脚 功 能

编号	符号	功能
1	VCC	电源
2	Uo	输出端
3	GND	接地
4	外接 Rc	外接校正电阻 Rc 改变工作温度范围和灵敏度
5～8	NC	空脚不用

表 1-2-5   AN6701S 的 主 要 电 特 性   m

工作温度范围（℃）	非线性	电源电压（V）	电源电流（mA）	输出电流（μA）	灵敏度（V/℃）
−10～80	±0.5%	5～15	0.2～0.8	±100	105～114

6. 温度变送器

温度变送器分为直流毫伏变送器、热电偶温度变送器和热电阻温度变送器三种。它们分别将输入的直流毫伏信号及被测温度信号，转换为 4～20mA（DC）和 1～5V（DC）输出的统一信号。这三种温度变送器在线路结构上都分为量程单元和放大单元两个部分，其中放大单元是通用的，量程单元随品种、测量范围而变。这三种温度变送器的结构如图 1-2-10～图 1-2-12 所示。

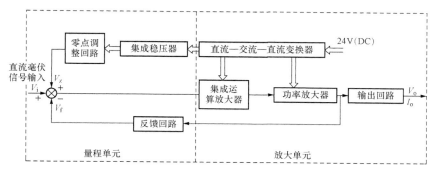

图 1-2-10　直流毫伏变送器的结构

　　三种变送器的主要区别是反馈网络。直流毫伏变送器反馈回路是线性电阻网络；热电偶和热电阻温度变送器则分别采用不同的线性化环节，实现变送器输出信号与被测温度之间的线性关系。

　　7. 一体化温度变送器

　　一体化温度变送器是温度传感元件与变送电路的紧密结合体。它是一种小型固态化温度变送器，与热电偶或热电阻安装在一起，不需要补偿导线或延长线，由 24V（DC）供电，用两线制方式连接，输出 4～20mA（DC）标准信号，其原理如图 1-2-13 所示。

　　一体化温度变送器的基本误差不超过量程的±0.5%，可安装在 −25～80℃ 的环境

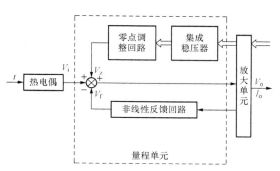

图 1-2-11　热电偶温度变送器的结构

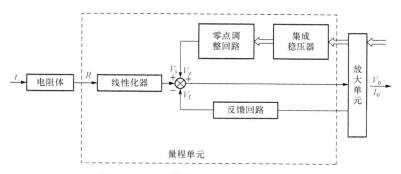

图 1-2-12　热电阻温度变送器的结构

中，有些产品上限环境温度可扩展至 110℃。

　　一体化温度变送器的特点是变送器直接从现场输出 4～20mA（DC）标准信号，大大提高了长距离传送过程中的抗干扰能力，免去了补偿导线，节省投资。变送器一般采用硅橡胶密封，不需要调整维护，耐振、耐湿、可靠，适用于多种恶劣环境。

　　8. 温度传感器的选型原则

　　通过上述分析可知：测温装置多种多样，在实际选择中要根据需要，分析被测对象的特

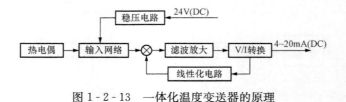

图 1-2-13 一体化温度变送器的原理

点和状态，结合现有装置的特点及技术指标进行比较。一般工业用温度传感器的选型原则如图 1-2-14 所示。

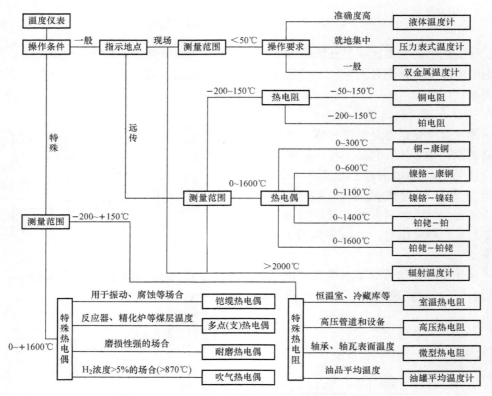

图 1-2-14 一般工业用温度传感器的选型原则

温度传感器选型主要应考虑以下几个方面：

（1）传感器准确度等级应符合工艺参数的误差要求。

（2）传感器选型应力求操作方便、运行可靠、经济，并在同一工程中尽量减少传感器的品种和规格。

（3）传感器的测温范围（即测温的上、下限）应大于工艺要求的实际测温范围。一般取实测最高温度为传感器上限值的 90%，而 30% 以下的刻度最好不用。

（4）热电偶性能优良、造价低廉且易于与计算机相连接，是首选的测温元件。只有在测温上限低于 150℃ 时才选用热电阻。另外，还应注意热电偶的补偿导线应与热电偶以及显示仪表的分度号相一致。

（5）测温元件的保护管耐压等级应不低于所在管线或设备的耐压等级，材料应根据最高使用温度及被测介质的特性来选择。

（6）传感器准确度等级应符合工艺参数的误差要求。

三、温度传感器典型应用

1. 金属表面温度的测量

表面温度测量是温度测量的一个主要方面。在机械、冶金、能源、国防等部门，金属表面温度的测量非常普遍。例如，热处理中的锻件、铸件、水蒸气管道及炉壁面等表面温度的温度从几百到一千摄氏度，测量时通常采用直接接触测温法。

直接接触测温法是采用各种热电偶，用黏结剂或焊接的方法，将热电偶与被测金属表面直接接触，然后将热电偶接到显示仪表上组成测温系统，指示出金属表面的温度。

常用的热电偶炉温控制系统如图1-2-15所示。毫伏定值器给出给定温度的相应毫伏值，热电偶的热电动势与定值器的毫伏值相比较，若有偏差则表示炉温偏离给定值，此偏差经放大器送入调节器，再经过触发器推动执行器，来调整电阻炉的加热功率，直到偏差消除，从而实现控制温度的目的。

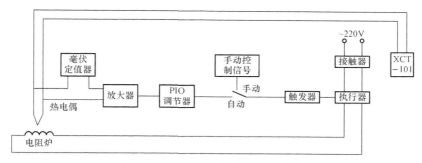

图1-2-15　热电偶炉温控制系统

2. 采用集成温度传感器的数字式温度计

由AD590型集成温度传感器和7106型A/D转换器等组成的数字式温度计电路如图1-2-16所示。电位器R_{P1}用于调整基准电压，以达到满量程调节，电位器R_{P2}用于在0℃时调零。当被测温度变化时，流过R_1的电流不同，使A点电位发生变化，检测此电位即能检测到被测温度的大小。

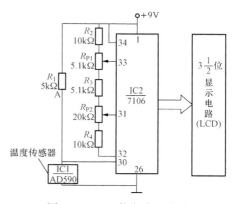

图1-2-16　数字式温度计

3. 电动机保护器

电动机往往由于超负荷、断相及机械传动部分发生故障等原因造成绕组发热，当温度升高到超过电动机允许的最高温度时，电动机将烧坏。利用PTR型热敏电阻具有正温度系数这一特性可实现电动机的过热保护。图1-2-17所示是电动机保护器电路。图中R_{T1}、R_{T2}、R_{T3}为三只特性相同的PTR开关型热敏电阻，为了保护的可靠性，热敏电阻应埋设在电动机绕组的端部。三个热敏电阻分别和R_1、R_2、R_3组成分压器，并通过VD1、VD2、VD3和单结晶体管VT1相连接。当某一绕组过热时，绕组端部的热敏电阻阻值将会急剧增大，使分压点的电压达到单结晶体管的峰值电压，VT1导通，产生的脉冲电压触发晶闸管VT2导通，继电器K动作，动断触点K断开，切断接触器KM

的供电电源，从而使电动机断电，得到保护。

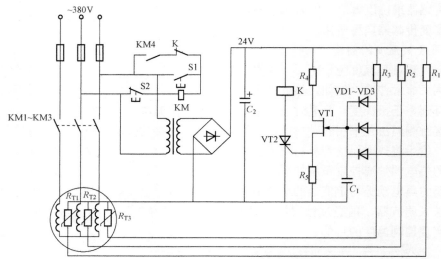

图 1-2-17　电动机保护器电路

思　考　题

1-2-1　国际实用温标的作用是什么？它主要由哪几部分组成？

1-2-2　热电偶的测温原理和热电偶测温的基本条件是什么？

1-2-3　用分度号为 S 的热电偶测温，其参比端温度为 20℃，测得热电势 $E=(t, 20℃)=11.30\text{mV}$，试求被测温度 t。

1-2-4　用分度号为 K 的热电偶测温，已知其参比端温度为 25℃，冷端温度为 750℃，其产生的热电动势是多少？

1-2-5　在用热电偶测温时为什么要保持参比端温度恒定？一般都采用哪些方法？

1-2-6　在热电偶测温电路中采用补偿导线时，应如何连接？需要注意哪些问题？

1-2-7　以电桥法测定热电阻的电阻值时，为什么常采用三线制接线方法？

1-2-8　由各种热敏电阻的特性，分析其各适用什么场合。

任务三　压力传感器及检测仪表

压力传感器是应用最广泛的一种传感器，它是检测气体、液体、固体等所有物体间作用力的传感器总称，也包括测量高于大气压的压力计以及低于大气压的真空计。传统的压力传感器利用弹性元件的变形和位移测量压力，原理简单，易于实现体积大、笨重、输出非线性。随着微电子技术的发展，利用半导体材料的压阻效应和良好的弹性，研制出了半导体力敏传感器，主要有硅压阻式和电容式两种，它们具有体积小、质量轻、灵敏度高等优点，因此半导体力敏传感器得到了广泛的应用。

一、压力单位及压力检测方法

1. 压力的单位

目前，工程技术部门仍在使用的压力单位还有工程大气压、物理大气压、巴、毫米水柱、毫米汞柱等。表1-3-1列出了各压力单位之间的换算关系。

表1-3-1　　　　　　　　　　　　压力单位换算表

单位	帕（Pa）	巴（bar）	工程大气压（kgf/cm²）	标准大气压（atm）	毫米水柱（mmH₂O）	毫米汞柱（mmHg）	磅力/平方英寸（lbf/in²）
帕（Pa）	1	1×10^{-5}	1.019716×10^{-5}	0.9869236×10^{-5}	1.019716×10^{-1}	0.75006×10^{-2}	1.450442×10^{-4}
巴（bar）	1×10^{5}	1	1.019716	0.9869236	1.019716×10^{4}	0.75006×10^{3}	1.450442×10
工程大气压（kgf/cm²）	0.980665×10^{5}	0.980665	1	0.96784	1×10^{4}	0.73556×10^{3}	1.4224×10
标准大气压（atm）	1.01325×10^{5}	1.01325	1.03323	1	1.03323×10^{4}	0.76×10^{3}	1.4696×10
毫米水柱（mmH₂O）	0.980665×10	0.980665×10^{-4}	1×10^{-4}	0.96784×10^{-4}	1	0.73556×10^{-1}	1.4224×10^{-3}
毫米汞柱（mmHg）	1.333224×10^{-2}	1.333224×10^{-3}	1.35951×10^{-3}	1.3158×10^{-3}	1.35951×10	1	1.9338×10^{-2}
磅力/平方英寸（lbf/in²）	0.68949×10^{4}	0.68949×10^{-1}	0.70307×10^{-1}	0.6805×10^{-1}	0.70307×10^{-3}	0.51715×10^{2}	1

工程上，"压力"定义为垂直均匀地作用于单位面积上的力，通常用 p 表示。单位力作用于单位面积上，为一个压力单位。在国际单位制中，定义1N力垂直均匀地作用在 $1m^2$ 面积上所形成的压力为1"帕斯卡"，简称"帕"，符号为Pa。常用单位还有千帕（kPa）、兆帕（MPa）等。我国已规定帕斯卡为压力的法定单位。

2. 压力传感器的分类与选型

工业生产中压力测量的范围很宽，测量的条件和准确度要求各异。常用压力传感器按原理可以分为四种：以液体静力学原理为基础制成的液压式压力传感器；根据弹性元件受力变形原理，并利用机械机构将变形量放大制成的弹性压力传感器；基于静力学平衡原理，将在已知面积上的重力作为负荷而制成的压力传感器；利用弹性元件将被测压力转换成电阻、电感、电容、频率等各种电学量的压力传感器。压力传感器分类及性能特点见表1-3-2。

表1-3-2　　　　　　　　　压力传感器分类及性能特点

类别	结构形式	测量范围（kPa）	准确度等级	输出信号	性能特点
液压式压力传感器	U形管	$-10\sim10$	0.2，0.5	水柱高度	实验室低、微压测量
	补偿式	$-2.5\sim2.5$	0.02，0.1	旋转刻度	用做微压基准仪器
	自动液柱式	$-10^2\sim10^2$	0.005，0.01	自动计数	用光、电信号自动跟踪液面，用做压力基准仪器
弹性式压力传感器	弹簧管	$-10^2\sim10^6$	$0.1\sim4.0$	位移、转角或力	直接安装、就地测量或校验
	膜片	$-10^2\sim10^3$	1.5，2.5		用于腐蚀性、高黏度介质测量
	膜盒	$-10^2\sim10^2$	$1.0\sim2.5$		用于微压的测量与控制
	波纹管	$0\sim10^2$	1.5，2.5		用于生产过程低压的测控

续表

类别	结构形式	测量范围（kPa）	准确度等级	输出信号	性能特点
负荷式 压力传感器	活塞式	$0\sim10^6$	$0.01\sim0.1$	砝码负荷	结构简单，坚实，准确度极高， 广泛用做压力基准器
	浮球式	$0\sim10^4$	0.02，0.05		
电气式 压力传感器 （压力 传感式）	电阻式	$-10^2\sim10^4$	1.0，1.5	电压，电流	结构简单，耐振动性差
	电感式	$0\sim10^5$	$0.2\sim1.5$	电压（mV）， 电流（mA）	环境要求低，信号处理灵活
	电容式	$0\sim10^4$	$0.05\sim0.5$	电压（V）， 电流（mA）	动态响应快，灵敏度高，易受 干扰
	压阻式	$0\sim10^5$	$0.02\sim0.2$	电压（mV）， 电流（mA）	性能稳定可靠，结构简单
	压电式	$0\sim10^4$	$0.1\sim1.0$	电压（V）	响应速度极快，限于动态测量
	应变式	$-10^2\sim10^4$	$0.1\sim0.5$	电压（mV）	冲击、温湿度影响小，电路复杂
	振频式	$0\sim10^4$	$0.05\sim0.5$	频率	性能稳定，准确度高
	霍尔式	$0\sim10^4$	$0.5\sim1.5$	电压（mV）	灵敏度高，易受外界干扰

3. 弹性式压力传感器

当被测压力作用于弹性元件时，弹性元件就产生相应的变形。根据变形的大小，可以测量被测压力。弹性式压力传感器就是基于弹性元件（弹簧管、膜盒、膜片、波纹管等）受压后产生的位移与被测压力呈一定函数关系的原理制成的。

（1）弹簧管式压力传感器。

单圈弹簧管是弯成圆弧形的空心管子，它的截面呈扁圆形或椭圆形，结构如图1-3-1所示。弹簧管式压力传感器与显示仪表一起，构成了弹簧管式压力表。普通弹簧管式压力表的结构如图1-3-2所示。

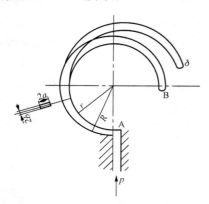

图1-3-1　单圈弹簧管的结构

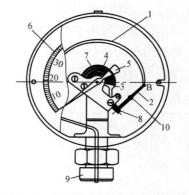

图1-3-2　弹簧管式压力表的结构
1—弹簧管；2—拉杆；3—扇形齿轮；
4—中心齿轮；5—指针；6—面板；
7—游丝；8—自由端；9—接头；10—调整螺钉

当被测压力由接头通入弹簧管，使弹簧管的自由端向右上方扩张，自由端的弹性变形通过拉杆使扇形齿轮逆时针偏转，指针在同轴中心齿轮的带动下顺时针偏转，在面板的刻度标尺上显示出被测压力 P 的数值。由于弹性元件通常是工作在线性范围内，可认为弹性元件的位移与被测压力呈线性关系，弹簧管式压力表的刻度标尺是线性的。游丝用来克服扇形齿轮和中心齿轮间的传动间隙而产生的误差。调整螺钉用于改变机械传动的放大倍数，改变其位置可以调整压力表的量程。

弹簧管的材料因被测介质的性质、被测压力的大小而不同。一般在 $p<20MPa$ 时，采用磷铜；$p>20MPa$ 时，则采用不锈钢或合金钢。使用压力表时，必须注意被测介质的化学性质。例如，测量氨气压力时必须采用不锈钢弹簧管，而不能采用铜质材料；测量氧气压力时，严禁沾有油脂，以免着火甚至爆炸；测量硫化氢压力时必须采用 $Cr_{18}Ni_{12}Mo_2Ti$ 合金弹簧，它具有耐酸、耐腐蚀能力。

弹性式压力表价格低廉，结构简单，坚实牢固，因此得到广泛应用。其测量范围从微压或负压到高压，准确度等级一般为 $1\sim2.5$ 级，精密型压力表可达 0.1 级。它可直接安装在各种设备上或用于露天作业场合，制成特殊型式的压力表还能在恶劣的环境（如高温、低温、振动、冲击、腐蚀、黏稠、易堵和易爆）条件下工作。但因其频率响应低，所以不宜用于测量动态压力。

（2）霍尔片式压力传感器。

霍尔片是一种半导体材料制成的薄片，其结构如图 1-3-3 所示，在霍尔片的 z 方向施加磁场强度为 B 的恒定磁场，在 y 轴方向通以恒定电流。当载流子（自由电子）在霍尔片中运动时，因受电磁力作用运动轨道偏移，造成霍尔片一个端面有电子积累、另一个端面上正电荷过剩，因此在它的 x 轴方向出现了电位差，此电位差称为霍尔电动势 U_H，这种物理现象称为霍尔效应。

霍尔电动势 U_H 与霍尔元件的材料、几何尺寸、输入电流及磁感应强度 B 等有关，其关系式为

$$U_H = R_H BI \qquad\qquad (1-3-1)$$

式中：R_H 为霍尔常数。

R_H 与 B、I 成正比，提高 B 和 I 的值可增大 R_H，但增大是有限的。一般 $I=3\sim20mA$，B 约为零点几特斯拉，所得的 U_H 约为几十毫伏。霍尔片的厚度越小，灵敏度越高，一般 $d=0.1\sim0.2mm$，薄膜型霍尔片只有约 $1\mu m$。

使用霍尔片时，除注意其灵敏度之外，还应考虑输入/输出阻抗、额定电流、温度系数和使用温度范围。输入阻抗是指图 1-3-3 中电流进、出端之间的阻抗；额定电流是指的最大值；输出阻抗是指霍尔电压输出的正、负端子间的内阻，外接负载阻抗最好与输出阻抗相等，以便达到最大功率输出。

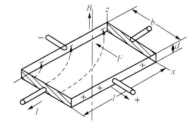

图 1-3-3　霍尔片结构

若 I 恒定，将霍尔片在一个磁感应强度 B 在磁极间呈线性分布的非均匀磁场中移动。因 B 与位移呈线性关系，如图 1-3-4 所示，将霍尔片与弹簧管相配合，就构成了霍尔片式压力传感器，实现了压力—位移—电动势的转换。

4. 电气式压力传感器

电气式压力传感器将被测压力信号转换为电气信号输出，供信号处理、显示、控制用，

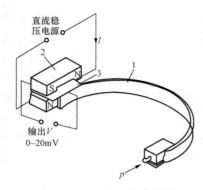

图 1 - 3 - 4 霍尔片式弹簧
管压力传感器

在测量变化、脉动压力和高真空、超高压等场合使用较为合适。

（1）应变式压力传感器。

电阻应变片是可以将被测试件上的应变变化转换为电阻变化的敏感元件，它是应变式传感器的主要组成部分。电阻应变片有金属电阻应变片和半导体应变片，使用时可以直接粘贴在被测试件的各个部位，或与弹性元件一起制成专用的传感器使用。

金属电阻应变片的结构如图 1 - 3 - 5 所示，它由保护片、敏感栅、基底和引出线组成。其中敏感栅可由金属丝或金属箔制成，粘贴在绝缘基底上，在其上面再粘贴一层绝缘保护片，在敏感栅的两个引出端焊上引出线。图 1 - 3 - 5 中，l 称为应变片的标距或工作基长，b 称为工作宽度，$l \times b$ 称为应变片的规格。

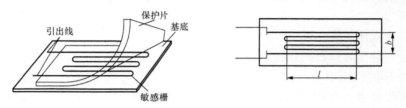

图 1 - 3 - 5 金属电阻应变片的结构

电阻应变式传感器的工作原理是：金属电阻片在外力作用下产生机械变形，从而导致其电阻发生变化，这种效应称为电阻应变效应。

金属丝的电阻为

$$R = \rho l / S \tag{1 - 3 - 2}$$

式中：ρ 为电阻率；S 为截面积；l 为金属丝的长度。

当金属丝受外力作用时，其长度、面积会发生变化，引起电阻变化。受力伸长时阻值增加，受压缩短时阻值减小。阻值变化与应变关系为

$$\Delta R / R = K \varepsilon \tag{1 - 3 - 3}$$

$$\varepsilon = \Delta l / l \tag{1 - 3 - 4}$$

式中，ΔR 为金属丝电阻的变化量；K 为金属材料的应变灵敏度系数，在弹性极限内，基本为常数；ε 为金属材料的长度应变值。

应用电阻应变片进行测量时，需要和电桥电路一起使用。

因为应变片电桥电路的输出信号微弱，采用直流放大器又容易产生零点漂移，故多采用交流放大器对信号进行放大处理。所以应变片电桥电路一般都采用交流电源供电，组成交流电桥。电桥又分为平衡电桥和不平衡电桥两种。平衡电桥仅适用于测量静态参数，而不平衡电桥则适用于测量动态参数。

图 1 - 3 - 6 所示为输出端接放大器的直流不平衡电桥电路。初始电桥维持平衡条件是 $R_1 R_4 = R_2 R_3$，因而输出电压为零，即

$$U_o = K(R_1 R_4 - R_2 R_3) = 0 \tag{1 - 3 - 5}$$

当应变片承受应变时，应变片电阻产生 ΔR 的变化，电桥处于不平衡状态，通过分析得

$$U_{\circ} = (R_1 R_2)/(R_1 + R_2)^2 (\Delta R_1/R_1 - \Delta R_2/R_2 + \Delta R_3/R_3 + \Delta R_4/R_4)U \qquad (1 \text{-} 3 \text{-} 6)$$

在电桥初始值为全等臂形式（$R_1 = R_2 = R_3 = R_4 = R$）工作时（通常如此），则有

$$U_{\circ} = (\Delta R_1/R_1 - \Delta R_2/R_2 + \Delta R_3/R_3 + \Delta R_4/R_4)U/4 \qquad (1 \text{-} 3 \text{-} 7)$$

当各桥臂的应变灵敏系数都相同时，式（1-3-7）可表示为

$$U_{\circ} = (x_1 - x_2 + x_3 - x_4)KU/4 \qquad (1 \text{-} 3 \text{-} 8)$$

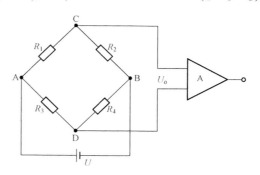

图 1-3-6　直流不平衡电桥电路

　　在实际的应变检测中，可根据情况在电桥电路中使用单应变片、双应变片和四应变片法。应变式压力传感器主要用来测量流动介质的动态或静态压力，如动力管道设备的进、出口气体或液体的压力、发动机内部的压力、枪管及炮管内部的压力、内燃机管道压力等。应变式压力传感器多采用膜片式或筒式弹性元件。图 1-3-7 所示为应变片压力传感器示意图。应变筒的上端与外壳固定在一起，它的下端与不锈钢密封膜片紧密接触，应变片粘贴在应变筒外壁。R_1 沿应变筒的轴向贴放，作为测量片；R_2 沿应变筒的径向贴放，作为补偿片。

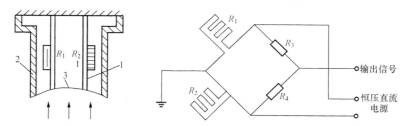

图 1-3-7　应变片压力传感器示意图
1—应变筒；2—外壳；3—不锈钢密封膜片

　　（2）半导体应变片。

　　半导体应变片主要根据硅半导体材料的压阻效应制作而成。如果在半导体晶体上施加作用力，晶体除产生应变外，其电阻率也会发生变化。这种由外力引起半导体材料电阻率变化的现象，称为半导体的压阻效应。

　　半导体应变片与金属电阻应变片相比，它的灵敏系数很高，可达 100～200，但它在温度稳定性及重复性方面不如金属电阻应变片优良。

　　半导体应变片是直接将单晶锗或单晶硅等半导体材料进行切割、研磨、切条、焊引线、粘贴等一系列工艺过程制作成的。由半导体应变片组成的传感器中，四个应变片粘贴在弹性元件上组成全桥电路。其中两个应变片在工作时受拉伸，而另外两个则受压缩，这时电桥输出的灵敏度最大。电桥的供电电源可采用恒流源或恒压源，电桥输出电压与 $\Delta R/R$ 成正比。

　　（3）压阻式压力传感器。

　　压阻式压力传感器采用集成电路工艺，在硅片上制造出四个等值的薄膜电阻，并组成电

桥电路。当不受压力时，电桥处于平衡状态，无电压输出；当受到压力时，电桥失去平衡，电桥输出电压，且输出的电压与压力成比例。其工作原理图如图 1-3-8 所示。

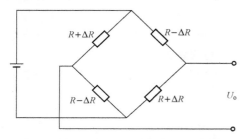

图 1-3-8　压阻式压力传感器工作原理

压阻式压力传感器的灵敏系数比金属应变式压力传感器的灵敏系数要大 500～1000 倍；由于采用了集成电路工艺，压阻式压力传感器结构尺寸小，质量轻；同时压力分辨率高，可以检测出像血压那么小的微压；频率响应好，可以测量几十千赫兹的脉动压力；由于传感器的力敏元件及检测元件制在同一块硅片上，因此它的工作可靠，综合准确度高，且使用寿命长。但由于采用硅材料制成，压阻式压力传感器对温度较敏感，若不采用温度补偿，则温度误差较大。

（4）压电传感器。

压电传感器是利用某些压电材料的压电效应制成的，广泛用于力、加速度等非电量的测量。某些物质（如石英、锆钛酸铅等）在特定方向上受到外力作用时，不仅几何尺寸发生变化，而且内部会产生极化现象，在其相应的两表面上产生符号相反的电荷，而形成电场。当外力去掉时，又重新恢复到原来的不带电状态，这种现象称为压电效应。

常见的压电材料有单晶和多晶两种。前者以石英晶体为代表，主要特点是温度稳定性和抗老化性能好，常用在标准、高准确度传感器中，后者以锆钛酸铅压电陶瓷为代表，主要特点是容易制作，性能可调，便于批量生产，大多用于普通测量的压电传感器中。实际中使用较多的压电材料主要有天然石英、人造铌酸锂单晶、钛酸钡及锆钛酸铅系压电陶瓷。另外，有机高分子压电材料——聚偏二氟乙烯也有广泛应用。

石英晶体在使用时需要进行切片。沿不同的方位进行切片，可得到不同的几何切型，而不同几何切型的晶片，压电性能及参数都不一样。只有在一定温度下，在压电陶瓷某一方向施加一定的电场（即进行了极化处理）后，压电陶瓷才具备压电特性，而且压电特性在极化（即极化时施加的外电场）方向上最显著，所以使用时要注意其方向性。用压电陶瓷制作的压电传感器灵敏度较高，其压电性能也与受力方向及变形方向有关，故根据实际需要可制成各种形状，常见的有片状和管状两种。

在压电晶片的两个工作面上，通过一定的工艺形成金属膜，构成了两个电极。如图 1-3-9（a）所示，当晶片受到外力作用时，在两个电极板上积聚数量相等而极性相反的电荷，形成了电场。因此，压电传感器可看做是一个静电荷发生器。而压电晶片在这一过程中则可认为是一个电容器。

实际压电传感器中，往往用两个或两个以上的晶片进行串联或并联。图 1-3-9（b）所示为并联，其特点是电容量大，输出电荷量大，时间常数大，宜于测量缓变信号，常用于以电荷量作为输出的场合。图 1-3-9（c）所示为串联，其特点是传感器本身电容小，输出电压大，适用于以电压作为输出信号的场合。

压电传感器可等效为一个具有一定电容的电荷源。电容的开路电压 U_o 与电荷 q、电容 C_a 之间的关系为

$$U_o = q/C_a \qquad\qquad (1-3-9)$$

考虑压电传感器等效电容 C_a 后续连接电缆的分布阻抗及传感器的漏电阻 R_0，可得压电

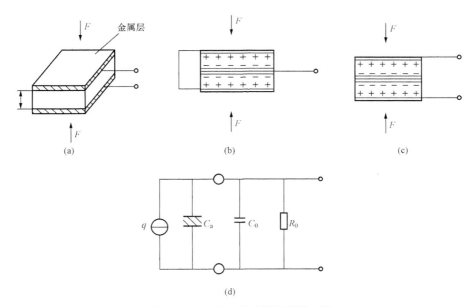

图 1 - 3 - 9　压电传感器及等效电路

（a）压电传感器结构；（b）压电传感器并联；（c）压电传感器串联；（d）等效电路

传感器的等效电路，如图 1 - 3 - 9（d）所示。

由于压电传感器输出信号很微弱，而且传感器本身有很大内阻，故输出能量甚小。为此，通常把传感器信号先输到高输入阻抗的前置放大器，经过阻抗变换以后，方可用放大、检波电路将信号输送给指示仪表或记录仪。目前多采用电荷放大器作为前置放大器。

电荷放大器实际上是一个高增益带电容反馈的运算放大器。当略去传感器漏电阻 R_0 及电荷放大器输入电阻 R_i 时，它的等效电路如图 1 - 3 - 10 所示。由图中可得出放大器的输出电压为

$$U_o = -Aq/(C + C_a + AC_f)$$

$$(1 - 3 - 10)$$

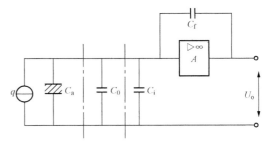

图 1 - 3 - 10　电荷放大器等效电路

式中：C 为电缆电容 C_0 与输入电容 C_i 的等效电容；C_f 为反馈电容；A 为放大器开环放大倍数；q 为传感器输入电荷。

若放大器的开环增益 A 足够大，则 $AC_f \gg (C + C_a)$，式（1 - 3 - 10）可简化为

$$U_o = q/C_f \qquad (1 - 3 - 11)$$

由式（1 - 3 - 11）可知：电荷放大器的输出电压 U_o 仅与输入电荷量 q 和反馈电容 C_f 有关，其他因素的影响可忽略不计。

压电式压力传感器的结构如图 1 - 3 - 11 所示，它主要由石英晶片、膜片、薄壁管、外壳等组成。石英多片传感器叠堆放在薄壁管内，并由拉紧的薄壁管对石英晶片施加预载力。感受外部压力的是位于外壳和薄壁管之间的膜片，它由挠性很好的材料制成。

（5）电容式传感器。

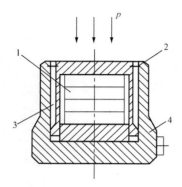

图 1 - 3 - 11　压电式压力
传感器的结构图
1—石英晶体片；2—膜片；
3—薄膜管；4—外壳

以电容器作为敏感元件，将被测物理量的变化转换为电容量变化的传感器称为电容式传感器。电容式传感器在力学量的测量中占有重要地位，它可以对荷重、压力、位移、振动、加速度等进行测量。这种传感器具有结构简单、灵敏度高、动态特性好等优点，因此在自动检测技术中得到普遍的应用。

现以平板式电容器来说明电容式传感器的工作原理，它是由两个金属电极、中间有一层电介质构成的，如图 1 - 3 - 12 所示。当在两极板间加上电压时，电极上就会储存有电荷，所以电容器实际上是一个储存电场能的元件。平板式电容器在忽略边缘效应时，其电容量 C 可表示为

$$C = \varepsilon A / d = \varepsilon_r \varepsilon_0 A / d \qquad (1 - 3 - 12)$$

式中：ε 为两极板间介质的介电常数；ε_r 为两极板间介质的相对介电常数；ε_0 为真空介电常数，等于 $8.85 \times 10^{-12} \text{F/m}$；$A$ 为极板的面积；d 为极板间的距离。

从式（1 - 3 - 12）可知：当 A、d、ε_r 中的任一项发生变化，都会引起电容量 C 的变化。在实际使用时，常使 A、d、ε_r 中的两项固定，仅改变其中一个参数来改变电容量。根据上述工作原理，电容式传感器可分为三种类型：改变极板面积的变面积式、改变极板间距离的变间隙式和改变介电常数的变介电常数式。在力学传感器中常使用变间隙式电容传感器。

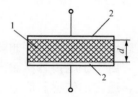

图 1 - 3 - 12　平板式电容器
1—电介质；2—极板

电容式压力传感器在结构上有单端式和差动式两种形式。因为差动式电容压力传感器的灵敏度较高，非线性误差也小，因此电容式压力传感器大都采用差动形式。

图 1 - 3 - 13 所示为差动式电容压力传感器的结构。它主要由一个膜式可动极板和两个在凹形玻璃上电镀成的固定极板组成。当被测压力或压力差作用于膜片并产生位移时，两个电容器的电容量一个增大、一个减小。该电容值的变化经测量电路转换成与压力或压力差相对应的电流或电压的变化。

差动式电容压力传感器的测量电路常采用双 T 型电桥电路，如图 1 - 3 - 14 所示。其中，e 为对称方波高频信号源，C_1 和 C_2 为差动式电容传感器的一对电容，R_L 为测量仪表的内阻，VD1 和 VD2 为性能相同的两个二极管，$R_1 = R_2$ 为固定电阻。

当 e 为正半周时，VD1 导通，VD2 截止，电容 C_1 充电至电压 E，电流经 R_1 流向 R_L；与此同时，C_2 通过 R_2 向 R_L 放电。当 e 为负半周时，VD2 导通，VD1 截止，电容 C_2 充电至电压 E，电流经 R_2 流向 R_L；与此同时，C_1 通过 R_1 向 R_L 放电。

当 $C_1 = C_2$ 时，即没有压力作用在膜片上时，在 e 的一周期内流过负载 R_L 电流的平均值为零，R_L 上无信号输出。当有压力作用在膜片上时，$C_1 \neq C_2$，在 R_L 上的平均电流不为零，R_L 上有信号输出。双 T 型电桥电路具有结构简单、动态响应快、灵敏度高等优点。

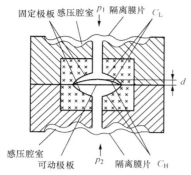

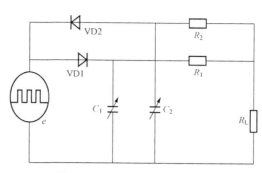

图 1-3-13 差动式电容压力传感器的结构

图 1-3-14 双 T 型电桥电路

二、差压变送器

差压变送器可以测量液体、气体和蒸气的压力、压差及液位等参数，与节流装置配合可测量流量。气动差压变送器的输出是 20～100kPa 压力信号，电动差压变送器的输出是 4～20mA 或 0～10mA 标准电流信号。

1. 力平衡式差压变送器

力平衡式差压变送器的构成如图 1-3-15 所示，它包括测量机构、杠杆系统、位移检测放大器及电磁反馈机构。

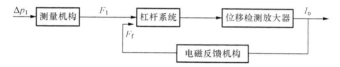

图 1-3-15 力平衡式差压变送器的构成

力平衡式差压变送器是基于力矩原理工作的，它以电磁反馈力产生的力矩去平衡输入力产生的力矩。由于采用了深度负反馈，因而测量准确度较高，而且保证了被测差压 F_f 和输出电流 I_o 之间的线性关系。

力平衡式差压变送器的结构如图 1-3-16 所示。被测压力 p 作用在测量膜片上，转换为输入力作用于主杠杆的下端。主杠杆以支点膜片为轴而偏转，并将力传至矢量机构上。矢量机构将水平向左的力变成连杆向上的力，此力带动副杠杆，绕其支点顺时针转动，使差动变压器的衔铁下移，气隙变小。衔铁的位移变化量通过低频位移检测放大器转换并放大为 4～20mA 的直流电流，作为变送器的输出信号。同时该电流又流过电磁反馈机构的反馈线圈，产生电磁反馈力。由于反馈线圈固定在副杠杆的下端，反馈力产生的力矩与输入力产生的力矩

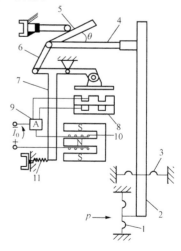

图 1-3-16 力平衡式差压变送器的结构
1—测量膜片；2—主杠杆；3—支点膜片；
4—矢量机构；5—支点；6—连杆；
7—副杠杆；8—差动变压器；9—低频
位移检测放大器；10—反馈线圈；
11—弹簧

平衡时，放大器的输出电流 I_o 就反映了被测压力的大小。调节支点的水平位置，可改变矢量机构的夹角 θ，从而连续改变两杠杆间的传动比，实现量程细调。调节弹簧的张力，可调整输出零点。低频位移检测放大器的作用是将副杠杆上衔铁的微小位移转换成直流输出电流 I_o，所以它实际上是一个位移—电流转换器。

2. 电容式差压变送器

电容式差压变送器包括差动式电容传感器和变送器电路两部分，如图 1-3-17 所示。变送器电路包括高频振荡器、振荡控制电路、放大器及量程调整（负反馈）电路等。

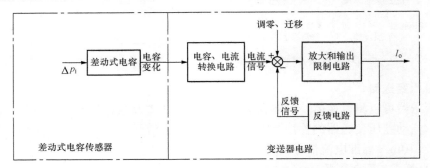

图 1-3-17　电容式差压变送器的构成

电容式差压变送器采用差动式电容作为检测元件。输入压差 Δp_i 作用于差动式电容的动极板，使其产生位移，从而使差动式电容的电容量发生变化。此电容量变化由电容、电流转换电路变换成直流电流信号。此信号与反馈信号进行比较，其差值送入放大电路，经放大得到整机的输出标准电流信号，范围为 4～20mA。

电容式差压变送器具有结构简单、体积小、抗腐蚀、耐振性好、过压能力强、性能稳定可靠、准确度高、动态性能好、电容相对变化大、灵敏度高等优点，得到了广泛应用。常用的电容式差压变送器有 1151、1751 等系列（美国 Rosemount 公司）。

3. 智能差压变送器

美国 Rosemount 公司生产的 3051 系列智能差压变送器带微处理器，其原理框图如图 1-3-18 所示，它由传感器膜头、电子电路板和 HART 手操器组成。

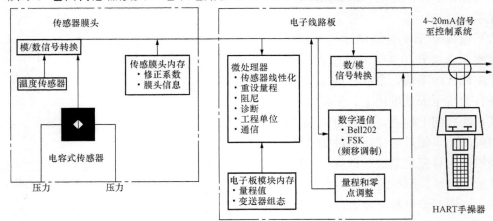

图 1-3-18　353051 系列差压变送器原理

3051 系列智能差压变送器的特点是微处理器，因此功能强，性能优越，灵活性、可靠性高；测量范围从 0～1.24kPa 到 0～41.37MPa，量程比达 100∶1，可用于差压、压力（表压）、绝对压力和液位的测量；最大负迁移为 600％，最大正迁移为 500％；0.1％以上的准确度长期稳定可达 5 年以上；具有一体化的零位和量程按钮及自诊断能力；压力数字信号叠加在输出 4～20mA 信号上，适合于控制系统通信。

3051 系列智能差压变送器带有不需电池而工作且不易失的只读存储器 EEPROM，在设计上可以利用 Rosemount 集散系统和 HART 手操通信器对其进行远程测试和组态。

4. 扩散硅式差压变送器

扩散硅式差压变送器采用硅杯压阻传感器作为敏感元件，同样具有体积小、质量轻、结构简单和稳定性好的优点，准确度也较高，其结构如图 1-3-19 所示。硅杯是由两片研磨后胶合成杯状的硅片组成，它既是弹性元件，又是检测元件。当硅杯受压时，压阻效应使其上扩散电阻（应变电阻）阻值发生变化，通过测量电路将电阻变化转换成电压变化。

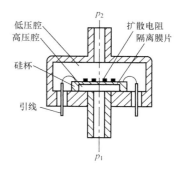

图 1-3-19　扩散硅式差压传感器的结构

硅杯两面浸在硅油中，硅油和被测介质之间用金属隔离膜分开。当被测差压输入到测量室内作用于隔离膜上时，膜片将驱使硅油移动，并把压力传递给硅杯，转换成电阻变化。上述的应变电阻采用集成电路技术，直接在单晶硅片上用扩散、掺杂、掩膜等工艺制成。

ST3000 系列智能变送器就是根据扩散硅应变电阻原理工作的。在硅杯上除制作了感受差压的应变电阻外，还制作出感受温度和静压的元件，即把差压、温度和静压三个传感器中的敏感元件都集成在一起，组成带补偿电路的传感器，并将这三个变量转换成三路电信号，分时采集后送入微处理器。微处理器利用这些数据信息，产生一个高准确度的输出。

ST3000 系列变送器原理结构图如图 1-3-20 所示。图中，ROM 中存有微处理器工作的主程序，它是通用的。PROM 中所存内容则根据每台变送器的压力特性、温度特性而有所不同，是在加工完成之后，经过逐台检验，分别写入各自的 PROM 中，使之依照其特性自行修正，保证在材料工艺稍有分散性因素下仍然能获得较高的准确度。此外，传感器所允许的整个工作参数范围内的输入、输出特性数据也都存入 PROM 中，以便用户对量程或测量范围有灵活迁移的余地。

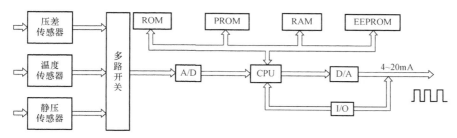

图 1-3-20　ST3000 系列变送器原理结构

RAM 是微处理器运算过程中必不可少的存储器，它也是通过现场通信器对变送器进行各项设定的址忆硬件。例如，变送器的标号、测量范围、线性或开方输出、阻尼时间常数、零点和量程校准等，一旦经过现场通信器逐一设定之后，即使将现场通信器从连接导线上去掉，变送器也应该按照已设定的各项数值工作。

EEPROM 是 RAM 的后备存储器，它是电可擦除改写的 PROM。正常工作期间，其内容和 RAM 是一致的，但遇到意外停电，RAM 中的数据立即丢失，而 EEPROM 里的数据仍能保存下来。供电恢复之后，它自动将所保存的数据转移到 RAM 里去。这样就不必用后备电池也能保证原有数据不丢失。

数字输入/输出接口（I/O）的作用，一方面将来自现场通信器的脉冲信号从 4～20mA（DC）信号导线上分离出来，并送入 CPU；另一方面使变送器的工作状态、已设定的各项数据、自诊断结果、测量结果等送到现场通信器的显示器上。

三、压力传感器典型应用

1. 指套式血压计

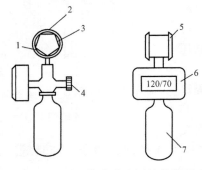

图 1-3-21　指套式血压计的外形
1—压力传感器；2—硬性指环；3—柔性气囊；
4—调节阀门；5—指套；6—电子电路；
7—压力源

指套式血压计是利用放在指套上的压电传感器，将手指的血压变为电信号，由电子电路处理后直接显示出血压值的一种微型装置。图 1-3-21 所示是指套式血压计的外形，它由指套、电子电路及压力源三部分组成。指套的外部为硬性指环，中间为柔性气囊，它直接和压力源相连。旋动调节阀门时，柔性气囊便会被充入气体，产生的压力作用到手指的动脉上。指套式血压计的电子电路框图如图 1-3-22 所示。当手指套入指套进行血压测量时，将开关 S 闭合，压电传感器将感受到的血压脉动转换为脉冲电信号，经放大器放大变为等时间间隔的采样电压，A/D 转换器将它们转换为二进制代码后输入到幅值比较器和移位寄存器。

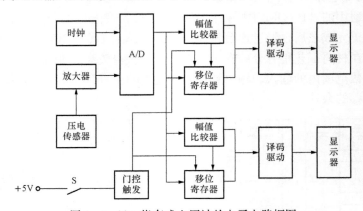

图 1-3-22　指套式血压计的电子电路框图

移位寄存器由开关 S 控制的门控触发信号触发。门控触发脉冲到来时，移位寄存器存储采样电压值，并将其送回幅值比较器，与下面输入的采样电压进行比较，只将幅值大的采样电压存储下来，也就是把测得的血压最大值（收缩压）存储下来，并通过 BCD 七段译码，驱动器在显示器上显示。

测量舒张压的过程与测量收缩压相似，只不过由另一路幅值比较器等电路来完成，将较小的一个采样电压存储在移位寄存器内，这就是舒张压的采样血压值，最终由显示器显示。

2. 炮弹膛内压力测试

炮弹的发射是由发射药在膛内燃烧形成的压力完成的。膛内压力的大小，不仅决定着炮弹的飞行速度，而且影响火炮及弹丸的设计。早期常采用测压锅柱的变形量来测量膛内压力，很难研究膛内压力分布。目前采用压力传感器对炮弹膛内压力进行测试，图 1-3-23 是炮弹膛内压力测试图。压力传感器设置在炮闩巢壁，当炮弹发射时，压力传感器将如实地记录下整个膛内压力的变化。图 1-3-24 所示为测得的膛内压力曲线。

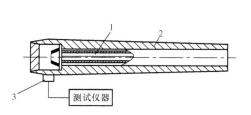

图 1-3-23　炮弹膛内压力测试图

1—弹丸；2—炮管；3—压力传感器

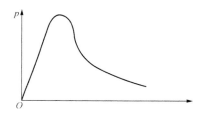

图 1-3-24　膛内压力曲线

3. 自感传感器应用

BYM 型压力传感器的结构与原理图如图 1-3-25 所示，它采用了变气隙差动传感器。当被测压力 p 变化时，弹簧管的自由端产生位移，带动与自由端刚性连接的自感传感器衔铁移动，使传感器线圈 5 和 6 中的电感值一个增加、另一个减小。传感器输出信号的大小决定于衔铁位移的大小，输出信号的相位决定于衔铁移动的方向。整个铁芯装在一个圆形的金属盒内，用接头螺纹与被测物相连接。

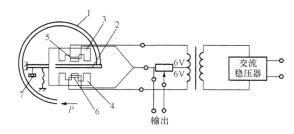

图 1-3-25　BYM 型压力传感器的结构与原理图

1—弹簧管；2—衔铁；3、4—铁心；5、6—线圈；7—调节螺钉

思 考 题

1-3-1　简述"压力"的定义、单位及各种表示方法。

1-3-2　某容器的顶部压力和底部压力分别为 50kPa 和 300kPa，若当地的大气压力为标准大气压，试求容器顶部和底部处的绝对压力以及顶部和底部间的差压。

1-3-3 弹性式压力计的测压原理是什么？常用的弹性元件有哪些类型？

1-3-4 试举例说明常见的弹性压力计电远传方式。

1-3-5 应变式压力传感器和压阻式压力传感器的转换原理有什么异同点？

1-3-6 简述电容式压力传感器的测压原理。

1-3-7 振频式压力传感器、压电式压力传感器的特点是什么？

1-3-8 要实现准确的压力测量需要注意哪些环节？了解从取压口到测压仪表的整个压力测量系统中各组成部分的作用及要求。

任务四　物位传感器及检测仪表

测量两相物料或两种相对密度不同又互不混合的物料界面位置，统称为物位测量，其中测量气相与液相间的界面称为液位测量。测量液位的仪表称为液位计，测量固体料位的仪表称为料位计，测量液体及液体间界面的仪表称为界面计。上述三种仪表统称为物位测量仪表。

一、物位信号的检测方法与检测元件选择

物位测量方法很多，按其测量原理分为直读式、浮力式、差压式、电磁式、超声波式、核辐射式和光学式等。下面介绍几种常见的液位测量传感器。

1. 玻璃液位传感器

玻璃液位传感器是最简单又较典型的一种直读式液位计。它基于连通器原理，一端接容器的气相，另一端接液相，管内的液位与容器内液位相同，读出管上的刻度值便可知容器内的液面高低，如图 1-4-1 所示。

玻璃液位传感器结构简单、价格便宜，一般用在温度及压力不太高的情况下，直接指示液位的高低。缺点是玻璃易碎，且信号不能远传和自动记录。

玻璃液位传感器分玻璃管和玻璃板两种。对于温度和压力相对较高的场合，多采用玻璃板液位传感器。透光式玻璃板液位传感器则适用于测量黏度较小的清洁介质，折光式玻璃板液位传感器适用于测量黏度较大的介质。

2. 浮力式液位传感器

当一个物体浸放在液体中时，液体对它有一个向上的浮力，浮力的大小等于被该物体排开的液体的重力。浮力式液位计就是基于液体浮力原理而工作的，它分为恒浮力式和变浮力式两种。恒浮力式液位传感器浮子的位置始终跟随液位变化，测量过程中感测元件所受的浮力不变。变浮力式液位传感器沉筒所受的浮力随液位变化，测量过程中感测元件所受的浮力是变化的。

浮力式液位传感器的结构如图 1-4-2 所示。将浮标用绳索连接并悬挂在滑轮上，绳索的另一端挂有平衡重物及指针，浮标所受重力和浮力之差与平衡重物相平衡，浮标漂浮在液面上，有

$$W - F = G \tag{1-4-1}$$

式中：W 为浮标的重力；F 为浮力；G 为平衡重物的重力。

当液体上升时，浮标所受的浮力增加，则 $W - F < G$，原有平衡被破坏，浮标向上移动，而浮标上移的同时浮力又下降，直到 $W - F$ 重新等于 G 时，浮标将停在新的液位上，

反之亦然。在浮标随液位升降时，指针便可指示出液位的高低来。如需远传，可通过传感器将机械位移转换为电或气的信号。

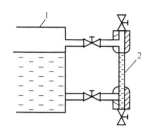

图 1-4-1　玻璃液位传感器

1—容器；2—玻璃管

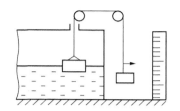

图 1-4-2　浮标式液位传感器的结构

浮标为空心的金属或塑料盒，有多种形状，一般为扁平状，这种液位计多应用于敞口容器中。

3. 差压式液位传感器

（1）差压式液位传感器测量原理。

对于不可压缩的液体（其密度不变），液柱的高度与液体的差压成正比。差压式液位传感器是利用容器内的液位改变时由液柱产生的差压也相应变化的原理而工作的，如图 1-4-3 所示。

根据流体静力学原理有

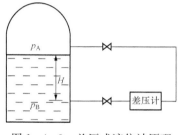

$$p_B = p_A + \rho g H \qquad (1-4-2)$$

则差压与液位高度有如下关系

$$\Delta p = p_B - p_A = \rho g H \qquad (1-4-3)$$

图 1-4-3　差压式液位计原理

式中：p_A、p_B 分别为 A、B 两处的压力；ρ 为液体密度；g 为重力加速度；H 为液位高度。通常 ρ 视为常数，则 Δp 与 H 成正比。这样就把测液位高度的问题转换为测量差压的问题。因此，各种压力计、差压计和差压变送器都可用来测量液位的高度。

利用差压变送器测密闭容器的液位时，变送器的正压室通过引压导管与容器下部取压点相通，其负压室则与容器气相相通；若测敞口容器内的液位，则差压变送器的负压室应与大气相通或用压力变送器代替。

（2）液位测量的零点迁移。

所谓"零点迁移"，就是同时改变测量仪表的测量上、下限而不改变其量程。例如，一把量程 1m 的直尺既可以用来测量长度范围为 0～1m 线段的长度，也可以用来测量长度范围为 1～2m 线段的长度，这是测量中常用的技术手段。用差压式液位传感器测量液位时，常会用到零点迁移，下面分析一下几种典型情况。

1）无迁移。在图 1-4-4 所示的两个不同形式的液位测量系统中，作为测量仪表的差压变送器输入差压 Δp 和液位 H 之间的关系都可以用式（1-4-3）表示。当 $H=0$ 时，差压变送器的输入 Δp 也为 0，即

$$\Delta p_{H=0} = 0$$

显然，当 $H=0$ 时，差压变送器的输出也为 0（下限值），如采用 DDZ-Ⅰ1 型差压变送器，

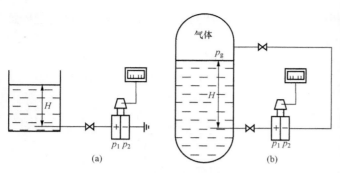

图 1-4-4　无迁移液位测量系统

则其输出 $I_o=0$，相应的显示仪表指示为 0，这时不存在零点迁移问题。

2）正迁移。出于安装、检修等方面的考虑，差压变送器往往不安装在液位基准面上。图 1-4-5 所示的液位测量系统与图 1-4-4（a）所示的测量系统的区别，仅在于差压变送器安装在液位基准面下方 h 处，这时，作用在差压变送器正、负压室的压力分别为

$$p_1=\rho g(H+h)+p_0 \qquad p_2=p_0$$

差压变送器的输入差压为

$$\Delta p=p_1-p_2=\rho g(H+h) \tag{1-4-4}$$

因此有

$$\Delta p=\rho g h \tag{1-4-5}$$

当液位为零时，差压变送器仍有一个固定差压输入 $\rho g h$，这就是从液体储槽底面到差压变送器正压室之间那段液相引压管液柱的压力。因此，差压变送器在液位为零时会有一个相当大的输出值，给测量过程带来诸多不便。为了保持差压变送器的零点（输出下限）与液位零点的一致，就有必要抵消这一固定差压的作用。由于这一固定差压是一个正值，因此称之为正迁移。

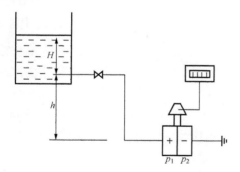

图 1-4-5　正迁移液位测量系统

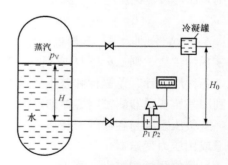

图 1-4-6　负迁移液位测量系统

3）负迁移。图 1-4-6 所示的液位测量系统，它与图 1-4-4（b）所示的系统区别在于它的气相是蒸汽，因此，在它的气相引压管中充满的不是气体而是冷凝水（其密度与容器中水的密度近似相等）。这时，差压变送器正、负压室的压力分别为

$$p_1=p_V+\rho g H \qquad p_2=H_0 p_2 g+p_V+\rho g H_0$$

差压变送器差压输入为

$$\Delta p=p_1-p_2=\rho g(H-H_0) \tag{1-4-6}$$

因此有

$$\Delta P\,|_{H=0}=-\rho g H_0 \tag{1-4-7}$$

就是说，当液位为零时，差压变送器将有一个很大的负的固定差压输入，为了保持差压变送器的零点（输出下限）与液位零点一致，必须抵消这一个固定差压的作用，又因为该固定差压是一个负值，所以称为负迁移。

需要特别指出的是：对于如图 1-4-6 所示的液位测量系统，由于液位 H 不可能超过气相引压管的高度 H_0，因此 $\Delta P = \rho g (H - H_0)$ 必然是一个负值。如果差压变送器不进行迁移处理，无论液位有多高，变送器都不会有输出，测量就无法进行。

4. 法兰式差压变送器

法兰式差压变送器是为了在测量有腐蚀性或含有结晶颗粒以及黏度大、易凝固等液体液位时，防止应用一般的变送器会引压管线腐蚀、堵塞而专门生产的。

如图 1-4-7 所示，变送器的法兰直接与容器上的法兰相连接，作为敏感元件的测量头（金属膜盒）经毛细管与变送器的测量室相通。在膜盒、毛细管和测量室所组成的密闭系统内充有硅油作为传压介质，并保证被测介质不进入毛细管与变送器，以免堵塞。毛细管外套金属蛇皮管保护，其他部分与其他差压变送器基本相同。使用时同样要注意零点迁移问题。

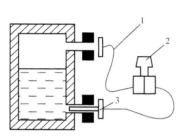

图 1-4-7　法兰式差压变送器
1—毛细管；2—变送器；3—测量头

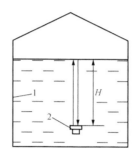

图 1-4-8　超声波液位传感器
1—容器；2—探头

5. 超声波式液位传感器

超声波式液位传感器利用声速特性，采用回声测距的方法对液位进行连续测量。如图 1-4-8所示，置于容器底部的超声波探头既可发出超声波又可接收超声波。当超声波探头发出的超声波到达液体与气体的分界面时，由于两种介质的密度相差悬殊，声波几乎全部被反射。如果超声波探头从发射到接收超声波所经过的时间为 t，超声波在介质中传播速度为 v，则探头到液面的距离为

$$H = (1/2)vt \qquad\qquad (1-4-8)$$

可见，对于确定的被测液体，声波在其中的传播速度是已知的，只要准确测出时间 t，就可测出液位 H 的数值。

超声波式液位传感器的特点是可做到非接触测量，可测范围广，探头寿命长。但探头本身不能承受高温，声速受到介质的温度、压力影响，电路复杂，造价较高。

6. 电容式液位传感器

电容式液位传感器是将液位的变化转换成电容量的变化，通过测量电容量的大小来间接测量液位高低的液位测量仪表。它由检测液位的电容和电容测量电路组成。由于被测介质不同，电容式液位传感器有多种形式。

导电液体的液位测量如图 1-4-9 所示。在液体中插入一根带绝缘套管的电极，由于液

体是导电的,容器和液体可视为电容器的一个电极,插入的金属电极作为另一电极,绝缘套管为中间介质,三者组成圆筒形电容器。

由物理学知,在如图 1-4-10 所示的圆筒形电容器中的电容量为

$$C = 2p\varepsilon L/\ln(D/d) \tag{1-4-9}$$

式中:L 为两电极相互遮盖部分的长度;d、D 分别为圆筒形内电极的外径和外电极的内径;ε 为中间介质的介电常数。当 ε 为常数时,C 与 L 成正比。

在图 1-4-10 中,由于中间介质为绝缘套管,因此组成的电容器介电常数 ε 就为常数。当液位变化时,电容器两极被浸没的长度也随之而变。液位越高,电极被浸没的就越多,相应的电容量就越大。

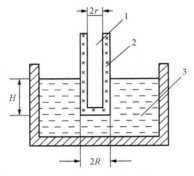

图 1-4-9　导电液体的液位测量
1—电极;2—绝缘套管;3—导电液体

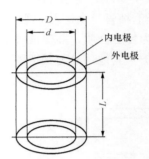

图 1-4-10　圆筒形电容器

电容式液位传感器可实现液位的连续测量和指示,也可与其他仪表配套进行自动记录、控制和调节。

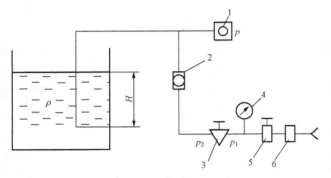

图 1-4-11　吹气式液位传感器
1—压力计;2—流量传感器;3—节流元件;
4—压力传感器;5—减压阀;6—过滤器

7. 吹气式液位传感器

吹气式液位传感器的原理如图 1-4-11所示。在被测的液体中插入一根导管,由气源来的压缩空气经过滤器过滤,再经减压阀将压力减至 p_1,经节流元件降至 p_2,通过流量传感器到达吹气导管,最后压缩空气从导管下端逸出并上升到液面。通过导管底部排出气体所需压力的大小与液位高低有关,当导管下端有微量气泡逸出时,导管内的气压几乎与液位静压相等,此时压力传感器的读数便

可反映出液位的数值。

吹气式液位传感器构造简单,使用方便,尤其适用于测量腐蚀性强、沉淀严重及含有悬浮颗粒的液体液位。

8. 核辐射式液(物)位传感器

放射性同位素的原子核在核衰变中放出带有一定能量的粒子或射线的现象称为核辐射。

核辐射液（物）位传感器是以射线和物质的相互作用为基础的，同位素放射源所产生的射线能够穿透物质层，并在穿透物质层时有一部分被吸收，其透射强度随物质的厚度而变，满足

$$I = I_0 e^{-\mu H} \tag{1-4-10}$$

式中：I_0、I 分别为射入介质前和通过介质后的射线强度；μ 为介质对射线的吸收系数；H 为介质的厚度。

当放射源选定、被测介质已知时，I_0 与 μ 为常数。由式（1-4-10）可知：只要能测得穿过介质后的射线强度 I，那么介质的厚度即物位的高度就可求出。

不同的介质吸收射线的能力不同，固体吸收能力最强，液体次之，气体最弱。

核辐射式液（物）位传感器由放射源、接收器和显示仪表三部分组成，其原理如图 1-4-12 所示。放射源和接收器放置在被测容器两侧，由放射源放射出的射线，穿过设备和被测介质，由接收器的探测器接收，并把探测出的射线强度转换成电信号，经放大器放大后送入显示仪表进行显示。

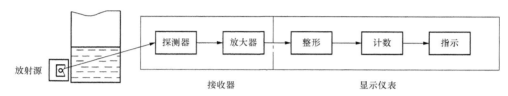

图 1-4-12　核辐射式液（物）位传感器的原理

根据核辐射检测原理可制成厚度传感器、物位传感器和密度传感器等，也可测量气体压力、分析物质成分以及进行无损探伤，应用范围很广。由于为非接触测量，核辐射式液（物）位传感器适用于高温、高压容器，可进行强腐蚀、剧毒、易爆、易结晶、沸腾状态介质以及高温熔体等物位测量。同时放射线不受温度、压力、湿度以及电磁场等影响，故此类传感器可在恶劣环境下且不常有人的地方工作。但放射线对人体有害，对其剂量及使用范围要加以控制和限制。

一般情况下，液位的测量均采用差压式液位传感器。对于高黏度、易结晶、易气化、易冻结、强腐蚀的介质，应选用法兰式差压变送器，其中对特别易结晶的介质，应采用插入式法兰差压变送器。放射性物位传感器适用于高温、高压、强腐蚀、黏度大、有毒等介质，如熔融玻璃、熔融铁水、水银渣、高炉料位、各种矿石、橡胶粉、焦油等的液（物）位测量。

电容式物位传感器不适于在电极上可能黏附的黏稠介质及介电常数变化大的介质。

二、液（物）位传感器的典型应用

1. 太阳能热水器水位报警器

太阳能热水器水位报警器可在水箱缺水或加水过多时自动发出声光报警声。电路如图 1-4-13 所示。采用导电式水位传感器 1、2、3 三个金属探极来探知水位，发光二极管 VL1 为电源指示灯，报警声由音乐集成电路 9300 产生。

水位在电极 1、2 之间时为正常情况。此时电极 1 悬空，VT1 截止，高水位指示灯 VL2 熄灭。因电极 2、3 处在水中，VT3 导通，VT2 截止，低水位指示灯 VL3 也熄灭。整个报警系统处于非报警状态。

当水位下降低于电极 2 时，VT3 截止，VT2 导通，低水位指示灯 VL3 点亮。由 C_3 及 R_4 组成的微分电路在 VT2 由截止到导通的跳变过程中产生正向脉冲，将触发音乐集成电路

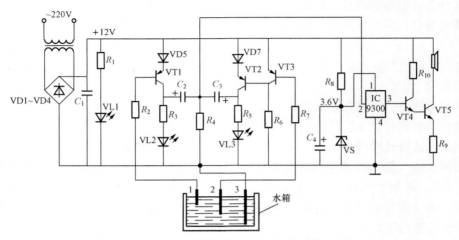

图 1-4-13　太阳能热水器水位报警器电路

IC 工作，使扬声器发出 30s 的报警声，告知水箱将要缺水。

同理，当水箱中的水位超出电极 1 时，VT1 导通，高水位指示灯 VL2 点亮，由 C_2 及 R_4 组成的微分电路产生的正向脉冲触发音乐集成电路 IC 工作，使扬声器发出报警声，告知水箱中的水快要溢出了。

2. 油箱油量检测系统

油箱油量检测系统如图 1-4-14 所示，它主要由电容式液位传感器、电桥、放大器、两相电动机、减速器和显示装置等组成。电桥中，C_0 为标准电容器电容；C_x 为电容式液位传感器电容；R_1 和 R_2 为标准电阻，且 $R_1 = R_2$；R_P 为调整电桥平衡的电位器，它的转轴与显示装置同轴连接，并经减速器由两相电动机拖动。

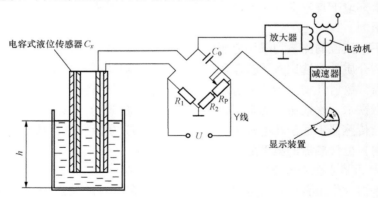

图 1-4-14　油箱油量检测系统

当油箱中无油时，电容式液位传感器的起始电容量是 C_{x0}。$C_0 = C_{x0}$ 且电位器的触点位于零点，即 R_P 的阻值为零时，显示装置的指针指在零位，由电桥的平衡条件可知

$$C_{x0}/C_0 = R_1/R_2 \qquad (1-4-11)$$

此时电桥平衡，电桥输出电压为零，电动机不转动。

当油箱注入油且液面升高到 h 时，则 $C_x = C_{x0} + \Delta C_x$，电桥失去平衡，输出端有电压信号输出。该信号经放大器放大后，驱动两相电动机转动，经减速器同时带动电位器转轴（实际上是改变触点的位置）和显示装置的指针转动。当电位器转轴转动到某个位置时，可使电桥又处于一个新的平衡状态，输出电压又变为零，电动机停转，显示装置上的指针停止在受电桥输出电压大小控制的某一相应指示角度，电桥所处的新平衡条件为

$$(C_{x0} + \Delta C_x)/C_0 = (R_2 + \Delta R)/R_1 \qquad (1\text{-}4\text{-}12)$$

式中：ΔC_x 为传感器电容变化量；ΔR 为电位器转动引起的阻值变化，且有

$$\Delta R = R_1 \Delta C_x/C_0 = R_2 K_1 h/C_0 \qquad (1\text{-}4\text{-}13)$$

因为

$$\theta = K_2 \Delta R \qquad (1\text{-}4\text{-}14)$$

所以

$$\theta = R_1 K_2 K_1 h/C_0 \qquad (1\text{-}4\text{-}15)$$

式中：K_2、K_1 为比例系数。

由此可见：显示装置指针偏转角 θ 与油箱油量的液面高度 h 成正比例，知道了液面高度，也就知道了油量。

思　考　题

1-4-1　常用液位测量方法有哪些？

1-4-2　开口容器和密封压力容器用差压式液位传感器测量液位时有何不同？影响液位传感器测量准确度的因素有哪些？

1-4-3　利用差压式液位传感器测量液位时，为什么要进行零点迁移？如何实现迁移？

1-4-4　恒浮力式液位传感器与变浮力式液位传感器的测量原理有什么异同？在选择浮筒式液位传感器时，如何确定浮筒的尺寸和质量？

1-4-5　物料的料位测量与液位测量有什么不同的特点？

1-4-6　电容式物位传感器、超声式物位传感器、核辐射式物位传感器的工作原理，各有何特点？

任务五　流量传感器及检测仪表

一、流量传感器的检测方法

流量是指单位时间内流过管道某横截面的流体数量，也称为瞬时流量，即

$$q_v = vA \qquad (1\text{-}5\text{-}1)$$

$$q_m = \rho vA \qquad (1\text{-}5\text{-}2)$$

式中：q_v 为体积流量；v 为管道中某一横截面上流体的平均流速；A 为管道的横截面积；q_m 为质量流量；ρ 为流体的密度。

体积总量是指在一段时间内流过管道横截面的流体量，又称累计流量，在数值上它等于流量对时间的积分，即

$$V = \int_{t1}^{t2} q_v \, \mathrm{d}t \qquad (1\text{-}5\text{-}3)$$

$$m = \int_{t1}^{t2} q_m \, \mathrm{d}t \qquad (1\text{-}5\text{-}4)$$

式中，V 为体积总量；m 为质量总量。

1. 差压式流量传感器

差压式流量传感器是根据安装在管道中流量检测件产生的差压、已知的流体条件以及检测件与管道的几何尺寸来推算流量的仪表。差压式流量传感器由一次装置（节流装置）和二次装置（差压转换和流量显示仪表）组成。一次装置（节流装置）按其标准化程度分为标准型和非标准型两大类：所谓标准节流装置是指按照标准文件设计、制造、安装和使用，无须经实流校准即可确定其流量值并估算流量测量误差的检测件；非标准节流装置是尚未列入标准文件中的检测件。二次装置为各种机械、电子、机电一体化差压传感器、差压变送器和流量显示及计算仪表。差压式流量传感器既可以测量流量参数，也可以测量其他参数（如压力、物位、密度等）。

充满管道的流体，当它流经管道内的节流件（孔板）时，如图 1-5-1 所示，流束将在节流件处形成局部收缩，流速增加，静压力降低，因此在节流件前后便产生了压差。流体流量越大，产生的压差越大，即可根据压差来衡量流量的大小。这种测量方法是以流体流动的连续性方程（质量守恒定律）和伯努利方程（能量守恒定律）为基础的。压差的大小不仅与流量有关，还与其他许多因素有关。流量方程为

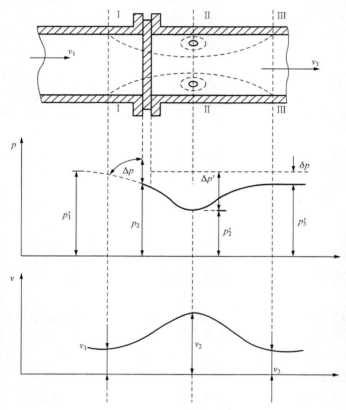

图 1-5-1　孔板附近的流速和压力

$$q_v = \alpha x A \sqrt{2\Delta p / r_1} \qquad (1-5-5)$$

$$q_m = \alpha x A \sqrt{2\Delta p r_1} \qquad (1-5-6)$$

式中：α 为流量系数，它与节流件的结构形式、取压方式、孔口截面积与管道截面积之比、直径、雷诺数、孔口边缘锐度、管壁粗糙度等因素有关；x 为膨胀校正系数，它与孔板前后压力的相对变化量、介质的等熵指数、孔口截面积与管道截面积之比等因素有关；A 为节流件的开孔截面积；Δp 为节流件前后实际测得的压力差；r_1 为节流件前的流体密度。

节流式差压流量传感器采用最普遍的节流件标准孔板，结构简单、牢固，易于复制，性能稳定可靠，使用期限长，价格低廉，应用范围极广泛；全部单相流体，包括液、气、蒸气皆可测量，部分混相流体，如气固、气液、液固等也可应用，有对应一般生产过程的管径、工作状态（压力，温度）的产品；检测与差压显示仪表可由不同厂家生产，便于专业化，形

成规模经济；标准检测件通用，并有国际标准；无须实流校准即可投入使用。

节流式差压流量传感器测量的重复性、准确度在流量传感器中属于中等水平；测量范围较窄，一般范围度仅为3：1～4：1；现场安装条件要求较高，例如需要较长的直管段；检测件与差压显示仪表之间的引压管线为薄弱环节，易产生泄漏、堵塞、冻结及信号失真等故障；孔板、喷嘴的压损大；流量刻度为非线形。

2.容积式流量传感器

容积式流量传感器又称为定排量流量计，是准确度最高的一类流量仪表。它利用机械测量元件将流体连续不断地分割成单个已知的体积部分，根据计量室逐次、重复地充满和排放该体积部分流体的次数来测量流体体积总量。容积式流量传感器一般不具有时间基准，如要得到瞬时流量值，需另外附加测量时间的装置。

椭圆齿轮流量传感器是一种典型的容积式流量传感器，其工作原理如图 1 - 5 - 2 所示。它把两个椭圆形柱体的表面加工成齿轮，互相啮合进行联动。p_1 和 p_2 分别表示入口压力和出口压力，且设 $p_1>p_2$。在图 1 - 5 - 2（a）中，下方齿轮在两侧压力差的作用下逆时针方向旋转，为主动轮；上方齿轮因两侧压力相等，没有旋

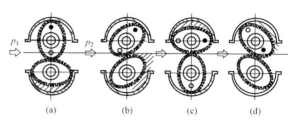

图 1 - 5 - 2　椭圆齿轮流量传感器的工作原理（$p_1>p_2$）

转力矩，是从动轮，由下方齿轮带动，顺时针方向旋转。在图 1 - 5 - 2（b）位置中，两个齿轮均为主动轮，继续旋转。在图 1 - 5 - 2（c）中，上方齿轮变为主动轮，下方齿轮变为从动轮，继续旋转又回到与图 1 - 5 - 2（a）相同的位置，完成一个循环。一次循环动作排出四个由齿轮与壳壁间围成的半月形空腔体积的流体，该体积称为流量计的"循环体积"。设流量传感器的"循环体积"为 V'，一定时间内齿轮循环次数为 N，则在该时间内流过流量计的流体体积为 V，则有

$$V = NV' \tag{1 - 5 - 7}$$

容积式流量传感器结构复杂，体积大，一般只适用于中、小口径流体测量；被测介质种类、介质工况（温度、压力）、口径局限性大，适应范围窄；同时由于高温下零件热膨胀、变形，低温下材质变脆等问题，一般不适用于高、低温场合，目前可使用温度范围为－30～160℃，压力最高为10MPa；大部分只适用单相洁净流体，介质中含有颗粒、脏污物时，上游需装过滤器，这样既增加压损，又增加维护工作；没有前置直管段的要求；可用于高黏度流体的测量；范围度宽，一般为10：1～5：1，特殊的可达30：1或更大；它属于直读式仪表，无须外部电源便可直接获得累积总量；如果测量含有气体的液体，就必须装设气体分离器；安全性差，如检测活动件卡死，流体就无法通过，断流管系就不能应用，但有些结构设计（如 Instromet 公司腰轮流量计）在壳体内置一个旁路，当检测活动元件卡死时，流体可从旁路通过；部分形式仪表（如椭圆齿轮式、腰轮式、卵轮式、旋转活塞式、往复活塞式）在测量过程中会给流动带来脉动，较大口径仪表还会产生噪声，甚至使管道产生振动。

容积式流量传感器准确度高，基本误差一般为±0.5%R（在流量测量中常用两种方法表示相对误差：一种为测量上限值的百分数，以%FS表示；另一种为被测量的百分数，以%R表示），特殊的可达±0.2%R或更高；容积式流量传感器由于具有准确的计量特性，

在石油、化工、涂料、医药、食品以及能源等工业部门计量昂贵介质的体积总量或流量。容积式流量传感器需要定期维护，在放射性或有毒流体等不允许人们接近维护的场所不宜采用。

3. 电磁流量传感器

电磁流量传感器是一种测量导电液体体积流量的仪表，基本原理是法拉第电磁感应定律，即导体在磁场中切割磁力线运动时在其两端产生感应电动势。如图1-5-3所示，导电液体在垂直于磁场的非磁性测量管内流动，与流动方向垂直的方向上产生与流量成比例的感应电动势，其值为

$$E = kBDv \tag{1-5-8}$$

式中：E 为感应电动势；k 为系数；B 为磁感应强度；D 为测量管内径；v 为流速。

设液体的体积流量为 q_v，则

$$E = kq_v \tag{1-5-9}$$

式中：k 为仪表常数。

实际的电磁流量传感器由流量传感器和转换器两大部分组成，如图1-5-4所示，测量管上、下装有励磁绕组，通入励磁电流后产生的磁场穿过测量管，一对电极装在测量管内壁上，与液体相接触，引出感应电动势送至转换器。励磁电流则由转换器提供。

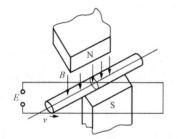

图1-5-3　电磁流量传感器原理图

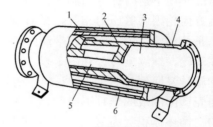

图1-5-4　电磁流量传感器典型结构图
1—外壳；2—励磁线圈；3—衬里；
4—测量管；5—电极；6—铁心

电磁流量传感器按励磁方式分为直流励磁和交流励磁。直流励磁用于测量液态金属表面的流量，交流励磁是用50Hz工频交流电励磁，产生正弦波交变磁场。采用交流励磁可避免直流励磁电极表面产生励化现象，但易受交流电与流量信号正交及同相位产生的各种感应噪声影响，现在逐渐被低频矩形波励磁所代替。

电磁流量传感器的测量通道是一段无阻检测件的光滑直管，因不易阻塞，适用于测量含有固体颗粒或纤维的液、固两相流体，如纸浆、矿浆、泥浆和污水等；电磁流量传感器不会因检测流量形成压力损失，对于要求低阻力损失的大管径供水管道最为适合；被测流体的密度、黏度、温度、压力和电导率（只要在某阈值以上）对所测的流量无影响；前置直管段要求较低；测量范围度大，通常为20:1～50:1，可选流量范围宽；满度值液体流速可在0.5～10m/s内选定；电磁流量传感器的口径范围宽，从几毫米到3m；可测正、反双向流量、脉动流量、腐蚀性流体；仪表输出是线性的。

电磁流量传感器不能测量电导率低的液体，如石油制品和有机溶剂等；不能测量气体、蒸气或含有较多、较大气泡的液体；通用型电磁流量传感器由于衬里材料和电气绝缘材料限

制，不能用于较高温度的液体。

4. 浮子流量传感器

浮子流量传感器是以浮子在垂直锥形管中随着流量变化而升降，改变它们之间的流通面积来进行测量的面积流量仪表，又称为转子流量传感器。浮子流量传感器的检测元件是由自下向上扩大的垂直锥管和一个沿着锥管轴上下浮动的浮子组成，如图 1-5-5 所示。被测流体自下向上经过锥管和浮子形成的环隙时，浮子上、下端产生差压，形成使浮子上升的力，当浮子所受上升力大于浸在流体中浮子的重力时，浮子便上升，环隙面积也随之增大，环隙处流体流速立即下降，浮子上、下端差压降低，作用于浮子的上升力也随之减小，直至上升力等于浸在流体中浮子的重力时，浮子便稳定在某一高度。浮子在锥管中的高度和通过的流量有对应关系。体积流量 Q 的基本方程式为

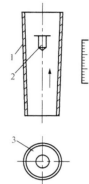

图 1-5-5 转子流量传感器
1—锥管；2—浮子；
3—环隙

$$Q = \alpha h \sqrt{2gV_f(r_f - \rho)/(\rho A)} = Kh \qquad (1-5-10)$$

式中：α 为流量系数；h 为浮子浮起的高度；g 为重力加速度；r_f 所为浮子材料的密度；ρ 为被测流体的密度；V_f 为浮子的体积；A 为浮子的横截面积；K 为仪表系数。

浮子流量传感器适用于小管径和低流速的小流量测量，常用仪表口径在 50mm 以下；可用于较低雷诺数；对上游直管段要求不高；有较宽的流量范围度，一般为 10：1，最低为 5：1，最高为 25：1；流量检测元件的输出接近于线性；压力损失较小。

浮子流量传感器的浮子对脏污比较敏感，不宜用来测量易使浮子受污的介质流量；它是一种非标准化仪表，使用流体与出厂标定流体不同时，需要做流量示值修正，检测液体介质时用水标定，用于气体介质的用空气标定；如实际使用流体密度、黏度或工作状态（温度、压力）与标定时不同，要做换算修正。

浮子流量传感器作为直观流动指示或测量准确度不高的现场指示仪表，占浮子流量计应用的 90% 以上，广泛用于电力、石油、化工、冶金、医药等流程工业和污水处理等领域。浮子流量传感器的主要测量对象是单相液体或气体，有些应用只要检测流量不超过或不低于某值即可，例如电缆惰性保护时，若气流量增加，则说明产生了新的泄漏点。循环冷却和培养槽等水或空气减流、短流报警等场所，可选用有上限或下限流量报警的玻璃浮子流量传感器；环境保护中的大气采样和流程工业中，可用浮子流量传感器实现在线监测的分析仪器连续采样。

5. 涡轮流量传感器

涡轮流量传感器是叶轮式流量（流速）传感器的主要类型。叶轮式流量传感器还包括风速计、水表等。涡轮流量传感器由传感器和转换显示仪组成，传感器采用多叶片的转子检测流体的平均流速，从而推导出流量或总量。转子的转速（或转数）可用机械、磁感应、光电方式检出，并由读出装置进行显示和传送记录。

涡轮流量传感器结构如图 1-5-6 所示，它由壳体、紧固件、导向体（导流器）、止推件、涡轮、轴、轴承及信号检测器组成。壳体是传感器的主要部件，其作用是承受被测流体的压力、固定安装检测部件、连接管道，用不导磁不锈钢或硬铝合金制成。在传感器进、出

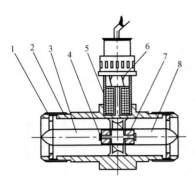

图 1-5-6　涡轮流量计传感器结构
1—紧固件；2—壳体；3—前导向体；
4—止推件；5—涡轮；6—信号检
测器；7—轴承；8—后导向体

口分别装有前导向体和后导向体，它对流体起导向整流以及支撑涡轮的作用，通常选用不导磁不锈钢或硬铝合金制成。涡轮也称叶轮，是传感器的检测元件，它由高导磁性材料制成。轴和轴承支撑涡轮旋转，需有足够的刚度、强度和硬度、耐磨性及耐腐蚀性等，它决定着传感器的可靠性和使用期限。信号检测器由永久磁铁、导磁棒（铁心）、线圈等组成，输出信号有效值在 10mV 以上的可直接配用流量计算机。

当被测流体流过传感器时，涡轮受力旋转，其转速与管道平均流速成正比。涡轮的转动周期地改变磁电转换器的磁阻值，检测线圈中的磁通随之发生周期性的变化，产生周期性的感应电动势，即脉冲信号，经放大器放大后，送至显示仪表。

涡轮流量传感器的主要优点是准确度高；重复性好；输出脉冲频率信号，适于总量计量及与计算机连接，无零点漂移，抗干扰能力强；可获得很高的频率信号（3～4kHz），信号分辨率高；范围度宽，中、大口径可达 40：1～10：1，小口径为 6：1～5：1；结构紧凑轻巧，安装维护方便，流通能力大；适用高压测量，仪表表体上不开孔，易制成高压型仪表；可制成插入式，适用于大口径测量，压力损失小，价格低，可不断流取出，安装维护方便。缺点是难以长期保持校准特性，需要定期校验；对于无润滑性的液体，其中含有悬浮物或腐蚀性物质时，易造成轴承磨损及卡住等问题，因此对被测介质的清洁度要求较高，限制了其使用范围，采用耐磨硬质合金轴和轴承后情况有改进；一般液体涡轮流量传感器不适用于较高黏度介质，流体物性（密度、黏度）对仪表影响较大；流量传感器受来流流速分布畸变和旋转流的影响较大，传感器上、下游侧需安装较长的直管段，若安装空间有限制，可加装流动调整器（整流器）以缩短直管段长度；不适于脉动流和混相流的测量。

6. 涡街流量传感器

流体振动流量传感器在特定的流动条件下，一部分流体动能转化为流体振动，其振动频率与流速（流量）有确定关系。目前流体振动流量传感器有涡街流量传感器、旋进（旋涡进动）流量传感器和射流流量传感器。其中涡街流量传感器是在流体中设置旋涡发生体（阻流体），从旋涡发生体两侧交替地产生有规则的旋涡，这种旋涡称为卡曼涡街，如图 1-5-7 所示。旋涡列在旋涡发生体下游非对称排列。设旋涡的发生频率为 f，被测介质的平均流速为

图 1-5-7　卡曼涡街

v，旋涡发生体迎面宽度为 d，表体通径为 D，根据卡曼涡街原理，有

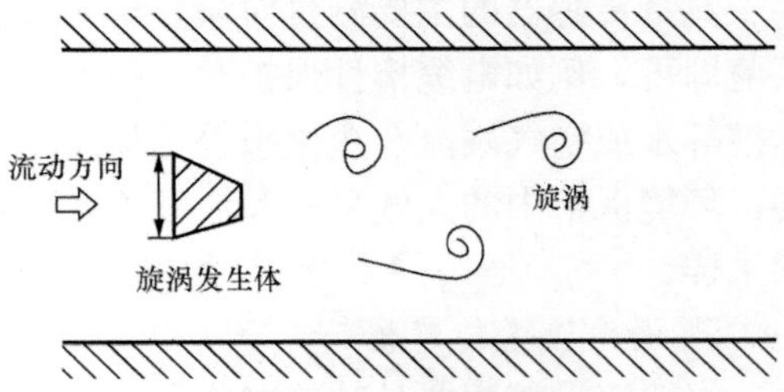

$$f = Srv_1/d = Srv/(md) \tag{1-5-11}$$

式中：v_1 为旋涡发生体两侧平均流速；Sr 为斯特劳哈尔数；m 为旋涡发生体两侧弓形面积与管道横截面面积之比。

这时，管道内体积流量 q_v 为

$$q_v = pD^2U/4 = pD^2mfd/(4Sr) \qquad\qquad (1-5-12)$$

涡街流量传感器由传感器和转换器组成，其结构如图1-5-8所示。传感器包括旋涡发生体（阻流件）、检测元件、仪表表体等；转换器包括前置放大器、滤波整形电路、D/A转换电路、输出接口电路、端子、支架和防护罩等。近年来，智能流量传感器还把微处理器、显示、通信及其他功能模块也装在转换器内。

涡街流量传感器结构简单、牢固，安装、维护方便，适用于液体、气体、蒸气和部分混相流体；范围度宽，可达10：1或20：1；压损小（约为孔板流量传感器1/4～1/2）；输出与流量成正比的脉冲信号，适于总量计量，无零点漂移；在一定雷诺数范围内，输出频率信号不受流体物性（密度、黏度）和组成的影响，即仪表系数仅与旋涡发生体及管道的形状尺寸有关，只需在一种典型介质中校验而适用于各种介质。涡街流量传感器不适用于低雷诺数测量（ReD>72×10^4），故在高黏度、低流速、小口径情况下应用受到限制。

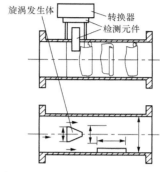

图1-5-8 涡街流量传感器结构

要正确并有效地选择流量测量方法和仪表，必须熟悉仪表所测量流体的特性，同时还要考虑经济因素。归纳起来有五个方面因素，即性能要求、流体特性、安装要求、环境条件和费用。选择仪表在性能要求方面主要考虑的内容是测量流量还是总量、准确度、重复性、线性度、流量范围和范围度、压力损失及输出信号特性和响应时间等。根据测量对象的不同要求，考虑的侧重点也不同。例如，商贸核算和仓储交接对准确度要求较高；过程控制连续测量一般要求良好的可靠性和重复性，而将测量准确度放在次要地位；批量配比生产除良好的可靠性和重复性外，还希望有高测量准确度。

二、流量传感器优缺点及测量范围

流量传感器优缺点及测量范围见表1-5-1。

表1-5-1   流量传感器优缺点及测量范围

类型	优点	缺点	适用范围	备注
涡轮流量计	1. 高准确度； 2. 重复性好； 3. 无零点抗干扰能力好； 4. 范围度宽； 5. 结构紧凑	1. 不能长期保持校准特性； 2. 流体物性对流量特性有较大影响	石油、有机液体、无机液、液化气、天然气和低温流体系统	在欧洲和美国，涡轮流量计在用量上是仅次于孔板流量计的计量仪表
差压式流量计	1. 应用最多的孔板式，结构牢固，性能稳定可靠，使用寿命长； 2. 检测件与变送器、显示仪表分别由不同厂家生产，便于规模经济生产	1. 测量准确度普遍偏低； 2. 范围度窄，一般仅3：1～4：1； 3. 现场安装条件要求高； 4. 压损大（指孔板、喷嘴等）	流体方面：单相、混相、洁净、脏污、黏性流等；工作状态方面：常压、高压、真空、常温、高温、低温等；管径方面：从几mm到几m	差压式流量计应用范围广泛，至今尚无任何一类流量计可与之相比拟，在各类流量仪表中其使用量占据首位；它在各工业部门的用量约占流量计全部用量的1/4～1/3

续表

类型	优点	缺点	适用范围	备注
转子流量计	结构简单、直观、压力损失小、维修方便	耐压力低,有较大玻璃管易碎的风险	适用于小管径和低流速;管径 $D<150mm$ 的小流量,也可测腐蚀性介质	浮子流量计是仅次于差压式流量计应用范围最宽广的一类流量计,特别在小、微流量方面有举足轻重的作用;使用时必须装在垂直走向的管段上,流体自下而上通过转子流量计
容积式流量计	1. 计量准确度高; 2. 安装管道条件对计量准确度没有影响; 3. 可用于高黏度液体的测量; 4. 范围度宽; 5. 直读式仪表无需外部能源可直接获得累计,总量,清晰,操作简便	1. 结构复杂,体积庞大; 2. 被测介质种类、口径、介质工作状态局限性较大; 3. 不适用于高、低温场合; 4. 大部分仪表只适用于洁净单相流体; 5. 产生噪声及振动	常应用于昂贵介质(油品、天然气等)的总量测量	在流量仪表中是准确度最高的一类。容积式流量计与差压式流量计、浮子流量计并列为三类使用量最大的流量计
涡街流量计	1. 结构简单牢固; 2. 适用流体种类多; 3. 准确度较高; 4. 范围度宽; 5. 压损小	1. 不适用于低雷诺数测量; 2. 需较长直管段; 3. 仪表系数较低(与涡轮流量计相比); 4. 仪表在脉动流、多相流中尚缺乏应用经验	—	涡街流量计是属于最年轻的一类流量计,但其发展迅速,目前已成为通用的一类流量计
电磁流量计	1. 可解决其他流量计不宜应用的问题,如脏污流、腐蚀流的测量; 2. 测量管段光滑,不会阻塞,无压力损失; 3. 测量范围大,口径范围大; 4. 可用于腐蚀性流体	1. 不能测量电导率很低的液体,如石油制品; 2. 不能测量气体、蒸汽和含有较大气泡的液体; 3. 不能用于较高温度	应用广泛,大口径多应用于给排水工程;中小口径常用于高要求或难测场合,如化学工业的强腐蚀液;小口径、微小口径常用于医药工业等有卫生要求的场所	—
超声波流量计	1. 可做非接触式测量; 2. 为无流动阻挠测量,无压力损失; 3. 可测量非导电性液体,对无阻挠测量的电磁流量计是一种补充	1. 传播时间法只能用于清洁液体和气体;而多普勒法只能用于测量含有一定量悬浮颗粒和气泡的液体; 2. 多普勒法测量准确度不高	1. 传播时间法典型应用有:工厂排放液、液化天然气等; 2. 多普勒法适用于异相含量不太高的双相流体,例如未处理污水,通常不适用清洁的液体	适于解决流量测量困难问题的一类流量计,特别在大口径流量测量方面有较突出的优点,近年来它是发展迅速的一类流量计之一

思 考 题

1-5-1 简述流量测量的特点及流量测量仪表的分类。

1-5-2 以椭圆齿轮流量传感器为例，说明容积式流量传感器的工作原理。

1-5-3 简述几种差压式流量传感器的工作原理。

1-5-4 节流式流量传感器的流量系数与哪些因素有关？

1-5-5 简述标准节流装置的组成环节及其作用。对流量测量系统的安装有哪些要求？为什么要保证测量管路在节流装置前后有一定的直管段长度？

1-5-6 当被测流体的温度、压力值偏离设计值时，对节流式流量传感器的测量结果会有何影响？

1-5-7 用标准孔板测量气体流量，给定设计参数 $p=0.8kPa$，$t=20℃$，现实际工作参数 $p_1=0.4kPa$，$t_1=30℃$，现场仪表指示为 3800m³/h，求实际流量大小？

1-5-8 一只用水标定的浮子流量传感器，其满刻度值为1000dm³/h，不锈钢浮子密度为 7.92g/cm³，现用来测量密度为 0.79g/cm³ 的乙醇流量，试求浮子流量传感器的测量上限是多少？

1-5-9 说明涡轮流量传感器的工作原理。某一涡轮流量传感器的仪表常数为 $K=150.4$ 次/L，当它在测量流量时的输出频率为 $f=400Hz$ 时，其相应的瞬时流量是多少？

1-5-10 说明电磁流量传感器的工作原理，这类流量传感器在使用中有何要求？

1-5-11 涡街流量传感器的检测原理是什么？常见旋涡发生体有哪几种？如何实现旋涡频率检测？

任务六 现代新型检测传感器及仪表

现代新型传感器是指最近十几年内研究开发出来的，已经或正在走向实用化的传感器。随着科学技术的迅猛发展，许多新效应、新材料不断被发现，新的加工工艺不断发展和完善，这些都进一步促进了现代新型传感器的研究开发工作。

本节重点介绍光电传感器，光纤传感器，超声波传感器，气敏、湿敏、色敏传感器以及热释红外传感器等现代新型传感器的选型和应用。

一、光电传感器

光电传感器是将光信号转换为电信号的一种传感器。用这种传感器测量非电量时，只要将这些非电量的变化转换成光信号的变化，就可以将非电量的变化转换成电量的变化。光电传感器具有结构简单、准确度高、响应速度快、非接触等优点，因此在检测和控制系统中得到广泛应用。

1. 光电效应

光电传感器是基于光电效应而制造。所谓光电效应是指光照射在某些物质上时，物质的电子吸收光子的能量而发生相应的电效应现象，如导电率变化、释放电子和产生电动势等。释放的电子叫光电子，能产生光电效应的物质叫光电材料。根据光电效应制造的转换元件称为光电元件或光敏元件。

根据光电效应现象的不同将光电效应分为外光电效应、内光电效应与光生伏特效应三类。

（1）外光电效应是指在光线照射下能使电子逸出物体表面的现象，基于外光电效应的光电元件有光电管、光电倍增管等。

（2）内光电效应是指在光线照射下能使物体的电阻率改变的现象，基于内光电效应的光电元件有光敏电阻等。

（3）光生伏特效应是指在光线作用下能使物体产生一定方向电动势的现象，基于光生伏特效应的光电元件有光敏晶体管、光电池等。

2. 光敏电阻

（1）光敏电阻的工作原理与结构。

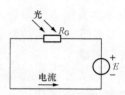

图 1-6-1　光敏电阻
工作原理

光敏电阻是一种基于内光电效应制成的光电元件，具有准确度高、体积小、性能稳定、价格低廉等特点。它由一块两边带有金属电极的光电半导体组成，电极和半导体之间成欧姆接触，使用时在它的两电极上施加直流或交流工作电压，如图 1-6-1 所示。有光照射时，光敏材料吸收光能，使电阻率变小，从而在回路中有较强的电流通过。光照越强，阻值越小，亮电流越大。若将该亮电流取出，经放大后即可作为其他电路的控制电流。当光照射停止时，光敏电阻又将逐渐恢复原电阻值而呈高阻状态，电路中仅有微弱的暗电流通过。

用于制造光敏电阻的材料主要有金属的硫化物、硒化物和锑化物等半导体材料。目前生产的光敏电阻主要是硫化镉，为了提高其光灵敏度，在硫化镉中掺入铜、银等物质。光敏电阻的外形与结构如图 1-6-2 所示。

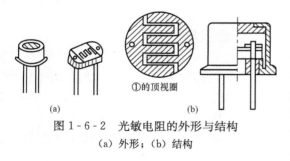

①的顶视圈

(a)　　　　　(b)

图 1-6-2　光敏电阻的外形与结构

(a) 外形；(b) 结构

（2）光敏电阻的主要参数。

光敏电阻的主要参数包括暗电阻与亮电阻。所谓暗电阻是指光敏电阻在不受光照射时的电阻值，这时在给定工作电压下，流过光敏电阻的电流称为暗电流；在有光照射时，光敏电阻的阻值称为亮电阻，此时流过它的电流称为亮电流。亮电流与暗电流的差值称为光电流。显然，亮电阻与暗电阻的差值越大，光电流越大，灵敏度也越高，光敏电阻的性能越好。实用的光敏电阻，其暗电阻往往超过 $1M\Omega$，甚至高达 $100M\Omega$，而亮电阻则在几千欧以下。

（3）光敏电阻的基本特性。

光敏电阻的基本特性包括伏安特性、光照特性、光电灵敏度、光谱特性、频率特性和温度特性等。

1）伏安特性是指在一定的照度下，加在光敏电阻两端的电压和光电流之间的关系曲线，如图 1-6-3 所示。由图可以看出，外加电压一定时，光电流的大小随光照的增强而增加。使用时，光敏电阻受耗散功率的限制，其两端的电压不能超过最高工作电压，图中虚线为允许功耗曲线，由它可以确定光敏电阻的正常工作电压。

2）光照特性是指在一定外加电压下，光敏电阻的光电流与光通量之间的关系曲线，如

图 1 - 6 - 4 所示。由图可见，该曲线是非线性的。因此，光敏电阻不宜做定量检测元件，而常在自动控制中用做光电开关。

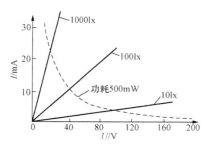

图 1 - 6 - 3　光敏电阻的伏安特性

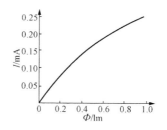

图 1 - 6 - 4　光敏电阻的光照特性

3）光电灵敏度是指单位光通量 $\varPhi$ 入射时能输出的光电流的变化，即

$$g = \frac{\mathrm{d}I}{\mathrm{d}f} \tag{1-6-1}$$

光照不同，灵敏度也发生变化。光照增大，灵敏度下降。

4）光谱特性是指光敏电阻外加一定电压时，其输出电流与入射单色光波长之间的函数关系，即 $I = f(\lambda)$，其关系曲线如图 1 - 6 - 5 所示。由图可知，不同材料制造的光电元件其光谱特性差别很大，某种材料制造的光电元件只对某一波长的入射光具有最高的灵敏度。因此，在选用光敏电阻时要考虑光源的波长，或者选择光源时要同时考虑光敏电阻的峰值波长，以得到满意的效果。

5）频率特性。当光敏电阻受到脉冲光照射时，光电流要经过一段时间才能达到稳态值，而在停止光照后，光电流也不立刻为零，这就是光敏电阻的时延特性。由于不同材料的光敏电阻的时延特性不同，因此它们的频率特性也不同，如图 1 - 6 - 6 所示。由图可知，光敏电阻的时延比较大，所以它不能用在要求快速响应的场合。

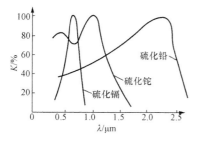

图 1 - 6 - 5　光敏电阻的光谱特性

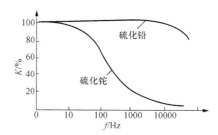

图 1 - 6 - 6　光敏电阻的频率特性

6）光谱温度特性：光敏电阻受温度影响较大，随着温度的升高，暗电阻和灵敏度都下降，其关系曲线如图 1 - 6 - 7 所示，同时也影响它的光谱特性。

（3）光敏电阻的检测。

将万用表置于 R×1kΩ 挡，置光敏电阻于距 25W 白炽灯 50cm 远处，可测得光敏电阻的亮电阻；再在完全黑暗的条件下直接测量其暗阻值。若亮阻值为几千欧姆到几十千欧姆，暗阻值为几兆欧姆至几十兆欧姆，则说明光敏电阻质量良好。

3. 光敏二极管

　　光敏二极管是基于半导体光生伏特效应的原理制成的光敏元件，其工作原理和符号如图1-6-8所示。光敏二极管的受光点在PN结附近，工作时外加反向工作电压。

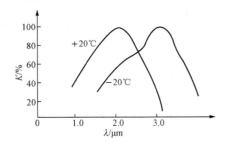

图1-6-7　光敏电阻的光谱温度特性

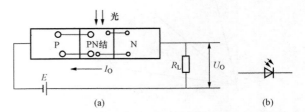

图1-6-8　光敏二极管的工作原理和符号
(a) 工作原理；(b) 符号

　　(1) 光敏二极管的工作原理。

　　光敏二极管没有光照射时反向电阻很大，电流很小，这个反向电流称为暗电流，此时光敏二极管处于截止状态。当有光照射时，在PN结附近产生光生电子—空穴对（通称为光生载流子），这些光生载流子在PN结势垒电场作用下，将光生电子拉向N区，光生空穴推向P区，从而形成由N区指向P区的光电流，此时光敏二极管处于导通状态。当入射光的强度发生变化时，光生载流子的多少也相应发生变化，因而通过光敏二极管的电流也随之发生变化，光敏二极管就这样将光信号转变为电信号。

　　(2) 光敏二极管的主要参数。

　　1) 暗电流：光敏二极管无光照射时还有很小的反向电流，此电流即为暗电流。暗电流决定了低照度时的测量界限，并随温度与反偏电压而变化，且变化幅度很大。

　　2) 短路电流 I_{SG}：PN结两端短路时的电流，其大小与光照度成比例，即

$$I_{SG} = K \times E \tag{1-6-2}$$

式中：K 为比例常数；E 为光照度。

　　短路电流 I_{SG} 与二极管被光照射的有效面积成比例，即有效面积越大，短路电流也越大，但暗电流也随之增大。

　　(3) 光敏二极管的检测。

　　当有光照射在光敏二极管上时，光敏二极管同普通二极管一样，有较小的正向电阻和较大的反向电阻；当无光照射时，光敏二极管正向电阻和反向电阻均很大。用万用表检测时，先让光照射在光敏管管芯上，测出其正向电阻，其阻值与光照强度有关，光照越强，正向阻值越小；然后用一块遮光黑布遮挡住照射在光敏二极管上的光线，测量其阻值，此时正向电阻应立即变得很大。有光照和无光照下所测得的两个正向电阻值相差越大越好。

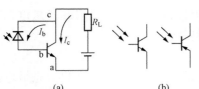

图1-6-9　光敏三极管的
工作原理与符号
(a) 工作原理；(b) 符号

　　4. 光敏三极管

　　光敏三极管由三层半导体元件组成，形成两个PN结。它与普通三极管不同，通常只有两根电极引线，其工作原理和符号如图1-6-9所示。

　　(1) 光敏三极管的工作原理。

当光照射在集电结上时，集电结附近产生电子—空穴对，在 PN 结势垒电场作用下，光电子向 N 区（集电区）移动，空穴向 P 区（基区）移动，从而形成基极光电流 I_b。空穴在基区的积累提高了发射结的正向偏置，发射区的多数载流子穿过很薄的基区向集电区移动，在外电场作用下形成集电极电流 I_c，这一过程与普通三极管放大基极电流的作用很相似。因此光敏三极管放大了光电流，它的灵敏度比光敏二极管高出许多。

（2）光敏三极管的主要参数。

光敏三极管的暗电流就是它在无光照射时的漏电流。基极开路使用时与普通晶体管发射极接地时的集电极截止电流，I_{CEO} 相同，即为

$$I_{CEO} = H'_{FE} \times I_{CBO} \tag{1-6-3}$$

可见，暗电流也增大。

（3）光敏三极管的检测

用一块黑布遮住照射在光敏三极管的窗口，选用万用表的 R×kΩ 挡，测量其两管脚引线间的正、反向电阻，均为无限大时则为光敏三极管。拿走黑布，万用表指针向右偏转到 15～30kΩ，偏转角越大说明其灵敏度越高。

5. 光电池

光电池的种类很多，其中应用最多的是硅光电池、硒光电池、砷化钾光电池和锗光电池。

（1）光电池的工作原理。

硅光电池是一种典型的光电池，现的硅光电池为例介绍光电池的工作原理。硅光电池是在一块 N 型硅片上用扩散的方法掺入一些 P 型杂质而形成一个大面积的 PN 结。当入射光照在 P 型层上，由于 P 型层很薄，入射光穿透 P 型层而照射到 PN 结上，PN 结附近激发出电子—空穴对，在 PN 结势垒电场作用下，将光生电子拉向 N 区，光生空穴推向 P 区，从而形成 P 区为正、N 区为负的光生电动势。若将光电池与外电路相连接，则在外电路上有电流通过，在负载上得到电压。显然，光照的强度不同，流过的电流也就不同。光电池的工作原理及符号如图 1-6-10 所示。

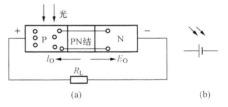

图 1-6-10 光电池的工作原理及符号
(a) 工作原理；(b) 符号

（2）光电池的基本特性。

1）光电池的卷道特性。图 1-6-11 所示曲线为硒光电池和硅光电池的堂谱特性曲线，即相对灵敏度 K，和入射光波长 λ 之间的关系曲线。从曲线上可以看出，不同材料的光电池的光谱峰值位置是不同的，例如，硅光电池可在 0.45～1.1μm 范围内使用，而硒光电池只能在 0.349～0.579μm 范围内应用。在实际使用时应根据光源性质选择光电池。但要注意的是，光电池的光谱峰值不仅与制造光电池的材料有关，同时也随使用温度而变。

2）光电池的光照特性。图 1-6-12 所示为硅光电池的光照特性曲线。光生电动势 U 与光照度 E_e 间的特性曲线称为开路电压曲线；光电流密度 J_e 与光照度反间的特性曲线称短路电流曲线。从图中可以看出，短路电流在很大范围内与光照度成线性关系；开路电压与光照度的关系是非线性的，且在光照度 2000lx 照射下就趋于饱和了。因此，将光电池作为敏感元件时，应该把它当做电流源的形式使用，即利用短路电流与光照度成线性关系的特点。这

是光电池的主要优点之一。从实验中知道，负载电阻越小，光电流与照度之间的线性关系越好，线性范围越宽，对于不同的负载电阻，可以在不同的照度范围内使光电流与光照度保持线性关系。所以应用光电池作为敏感元件时，所用负载电阻的大小应根据光照的具体情况而定。

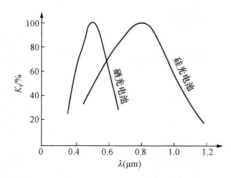

图 1-6-11　硒光电池和硅光
电池的光谱特性曲线

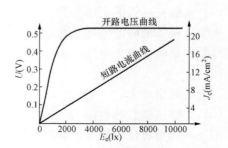

图 1-6-12　硅光电池的光照特性曲线

3）光电池的频率特性。

图 1-6-13 所示给出了光的调制频率厂和光电池对输出电流 I_r 的关系曲线。可以看出，硅光电池具有较高的频率响应，而硒光电池较差，因此在高速计数器、有声电影以及其他方面多采用硅电池。

4）光电池的温度特性。图 1-6-14 所示光电池的温度特性是描述光电池的开路电压 U、短路电流 I，随温度 t 变化的曲线。由于它关系到应用光电池设备的温度漂移，影响到测量准确度或控制准确度等主要指标，因此它是光电池的重要特性之一。从图 1-6-14 中可以看出，开路电压随温度增加而下降的速度较快，而短路电流随温度上升而增加的速度却很缓慢。因此，用光电池作为敏感元件时，在自动检测系统设计时就应考虑到温度的漂移，需采取相应的措施进行补偿。

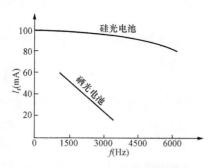

图 1-6-13　光电池的频率特性

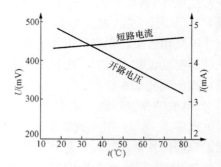

图 1-6-14　光电池的温度特性

6. 光电传感器的典型应用

（1）光耦合器。

光耦合器是由一个发光器件和一个光敏元件同时封装在一个外壳内组合而成的转换元件。最常见的情况是由一个发光二极管和一个光敏三极管组成，如图 1-6-15（a）所示。其工作过程简述如下：当有电流流过发光二极管时便产生一个光源，此光照射到封装在一起的光敏元件后产生一个与发光二极管正向电流成比例的集电极电流。

常用的光耦合器的形式还有如图 1-6-15（b）、（d）所示的几种。

1）光耦合器的基本特性。

①共模抑制比。在光耦合器内部，由于发光管和光敏管之间的耦合电容很小（2pF 以内），所以共模输入电压通过级间耦合电容对输出电流影响很小，因而共模抑制比很高。

②输出特性。在一定发光电流 I_F 下，光敏管所承受的电压 V_C 与输出电流 I_C 之间的关系，即二极管-三极管光电耦合器的输出特性如图 1-6-16 所示。图中，I_C 为集电极电流，V_C 为光敏三极管集-射极电压。当 $I_F=0$ 时，发光二极管不发光，此时对应的光敏三极管集电极输出电流称为暗电流，这种暗电流一般很小，可忽略。当 $I_F>0$ 时，发光二极管开始发光，在一定的 I_F 作用下，所对应的 I_C 基本上与 V_C 无关，而 I_F 和 I_C 之间的变化呈线性关系。当在集电极或发射极串接一个负载电阻 R_L 后，即可获得输出电压。R_L 的选择应使负载在允许功耗 p_{CM} 曲线之内。

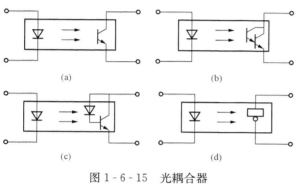

图 1-6-15　光耦合器

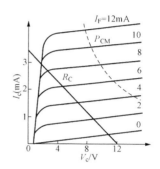

图 1-6-16　二极管-三极管
光耦合器的输出特性

③电流传输比。光耦合器的光敏管的集电极电流 I_C 与发光二极管的注入电流 I_F 之比称为电流传输比。输出电流微小变量的 ΔI_C 与注入电流微小变量 ΔI_F 之比称为微变电流传输比。对于线性度比较好的光耦合器，电流传输比与微变电流传输比近似相等，其大小与光耦合器的类型有关。

④隔离性能。光耦合器的发光二极管和三极管之间的隔离电阻为 $10^{10} \sim 10^{11} \Omega$，隔离电压为 $500 \sim 1000V$，有的可达 10kV，隔离电容小于 2pF。

2）应用电路。

由于光耦合器的体积小、无触点、寿命长、输入与输出间绝缘、隔离性能好、响应速度快、工作稳定可靠，因而被广泛用做固体继电器、稳压电路、信号调制电路等。下面简要介绍光耦合器在步进电机控制电路中的应用，其电路如图 1-6-17 所示。

微机 I/O 扩展接口芯片 8255 输出的正脉冲信号经过光电耦合器的传输后，作为步进电机的驱动信号。由于 8255 输出的电流小，不足以

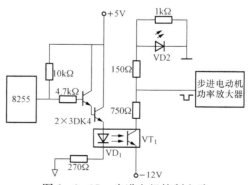

图 1-6-17　步进电机控制电路

使光电耦合器中的发光二极管发光，因此要经过复合管射极跟随器将 8255 的输出电流放大，以控制步进电动机的工作。

（2）光电开关器件。

1）基本光电开关电路。

光电开关器件是以光电元件、三极管为核心，配以继电器组成的一种电子开关。当开关中的光敏元件受到一定强度的光辐射时就会产生开关动作。图 1-6-18 所示为基本光电开关电路，（a）图中的光电元件 VD 与（b）图中的 VT_1 在无光照时 VT_2 处于截止，（a）图中的 VT 与（b）图中的 VT_2 也截止，继电器 K 不通电，开关不动作；有光照时，（a）图中的 VD、VT 和（b）图中的 VT_1、VT_2 导通，继电器得电后动作，实现光电开关控制。（c）图中，VT_1 无光照时截止，直流电源经过电阻 R_1、R_2 给 VT_2 提供一个合适的基极电流使它导通，继电器动作；一旦有光照时，VT_1 导通，VT_2 截止，继电器掉电，实现了光电开关控制。

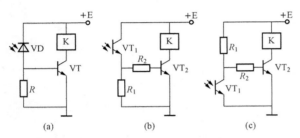

图 1-6-18 基本光电开关电路图

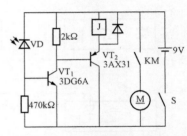

图 1-6-19 光控玩具电路

2）应用电路。

光电开关器件与光耦合器一样，无触点、寿命长、工作稳定可靠。图 1-6-19 所示是一光控玩具电路。按下开关 S，如果光线不足，晶体管 VT_1 和 VT_2 处于截止状态，继电器的动合触点 KM，断开，电源不通，玩具电机 M 不转动；如果光线充足，光敏二极管导通，VT_1、VT_2 也导通，继电器 KM 通电动作，其常开触点 KM_1 闭合，接通电机 M 的电源，M 得电转动。如果用光源来控制光敏二极管 VD 的导通或截止，则可控制玩具电机 M 的停或转。

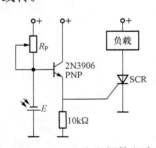

图 1-6-20 光电报警电路

（3）光电池应用电路。

1）光电报警电路。图 1-6-20 所示为光电报警电路，当太阳光照射光电池时，SCR 有了门极触发电压，此时 SCR 导通，负载接通。电位器 R_P 调节光电平使报警器发出声响。

2）光电自动航标灯。光电自动航标灯的工作原理电路如图 1-6-21 所示，由硅光电池组和镍铬蓄电池组分别供电。光电三极管 VT 为控制元件。白天阳光充足时，光电池组向镍铬蓄电池组充电，此时 VT 饱和导通，a 点为低电平，b 点为高电平，NE555 定时器和 R、C 元件组成的振荡器停振，航标灯 HL 熄灭。晚上或白天光线不足，VT 截止，a 点为高电平，b 点为低电平，接通 NE555 定时器的电源，振荡器输出一定频率的方波脉冲，经复合管 VT_3 驱动 HL 闪烁。

二、光纤传感器

1. 光纤结构及其传光原理

光纤传感器的基本原理是将光源入射的光束经由光纤送入调制区，在调制区内，外界被测参数与进入调制区的光相互作用，使光的光学性质如光的强度、波长、频率、相位、偏振态等发生变化，成为被调制的信号光，再经光纤送入光敏器件、解调器而获得被测参数。整个过程中，光束经由光纤导入，通过调制器后再出射，其中光纤的作用首先是传输光束，其次是可能起到光调制器的作用。之所以说"可能"，是因为要视光纤传感器的类型而定。

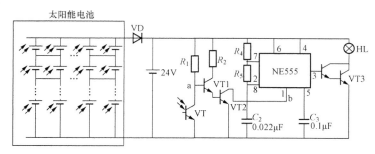

图 1-6-21　光电自动航标灯工作原理电路

光纤是一种传输信息的导光纤维，其中心有个细芯（半径为 a，折射率为 n_1）称为芯子，直径只有几十微米；芯子的外面有一圈包皮（半径为 b，折射率为 n_2，且 $n_1 > n_2$），其外径约为 $100 \sim 200 \mu m$；最外层为保护套（半径为 c，折射率为 n_3，且 $n_3 \geqslant n_2$）。这样的构造可以保证入射到光纤内的光波集中在芯子内传输。光纤的芯子是用高折射率的玻璃材料制成；包皮是用低折射率的玻璃或塑料制成，具有这种结构的光纤是芯皮型光纤中的阶跃型光纤，其断面折射率分布的高、低界面很清楚，如图 1-6-22 所示。

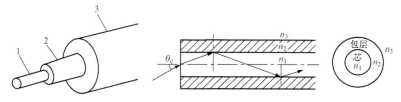

图 1-6-22　光导纤维的基本结构
1—芯子；2—包层；3—保护套

当光线以各种不同角度入射到芯子并射至芯子与包皮的交界面时，光线在该处有一部分透射，一部分反射。但当光线在纤维端面中心的入射角 θ 小于临界入射角 q_C 时，光线就不会透射出界面，而全部被反射。光在界面上经无数次反射，呈锯齿形状路线在芯内向前传播，而且从光纤的另一端传出，这就是光纤的传光原理。为保证全反射，要求 $\theta < q_C$，这时

$$NA = \sin q_C = \sqrt{n_1 - n_2} \qquad (1-6-4)$$

式中：NA 称为数值孔径，是表示向光导纤维入射的信号光波难易程度的参数，n_1，n_2 分别芯子及包皮的折射率；q_C 为临界入射角。

由式（1-6-4）可知：光纤的临界入射角的大小是由光纤本身的性质——折射率 n_1、n_2 所决定的。NA 越大，表明可以在较大入射角范围内输入全反射光，并保证此光波沿芯

子向前传输。

这种沿芯子传输的光可以分解为沿轴向与沿截面传输的两种平面波成分。因为沿截面传输的平面波是在芯子与包层的界面处全反射的，所以每一往复传输的相位变化是 $2p$ 的整数倍时，就可以在截面内形成驻波，像这样的驻波光线组又称为"模"。"模"只能离散地存在，就是说，光导纤维内只能存在特定数目的"模"传输光波。如果用归一化频率 f 来表达这些传输模的总数，其值一般在 $v^2/2 \sim v^2/4$ 之间。归一化频率

$$f = v = \frac{2pa}{l} \times NA \qquad (1-6-5)$$

式中：A 为传输光波长；NA 为数值孔径；a 为常数。

f 值大的光纤能传送的模数多，称为多模光纤；相反地，f 值小时，传送的模数减少。当 $f<2.41$ 时的光导纤维称为单模光导纤维。多模和单模光导纤维，两者在纤维通信技术上都是常用的，因此它们通称为普通光导纤维。

2. 光纤传感器的分类

光纤既是一种电光材料，又是一种磁光材料，它与电和磁存在着某些相互作用的效应，因此它具有"传"和"感"两种功能。按照光纤在传感器中的作用，光纤传感器可分为两类：一类是利用光纤本身具有的某种敏感功能的 FF（Function Fiber）型，简称功能型传感器；另一类是光纤仅仅起传输光波作用，必须在光纤端面加装其他敏感元件才能构成传感器的 NFF（Not Function Fiber）型，简称非功能型传感器。

（1）FF 型光纤传感器。

FF 型光纤传感器的原理结构如图 1-6-23 所示，FF 型光纤传感器主要使用单模光纤。光纤一方面起传输光的作用，另一方面是敏感元件，它是靠被测物理量调制或影响光纤的传输特性，将被测物理量的变化转变为调制的光信号，因此这一类光纤传感器又分为光强调制型、相位调制型、偏振态调制型和波长调制型等几类。

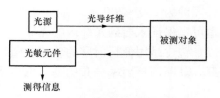

图 1-6-23　FF 型光纤传感器的原理结构

FF 型光纤传感器典型应用有：利用光纤在高电场下的泡克耳效应的光纤电压传感器；利用光纤法拉第效应的光纤电流传感器；利用光纤微弯效应的光纤位移（压力）传感器。光纤的输出端采用光敏元件，它所接受的光信号便是被测量调制后的信号，并使之转变为电信号。

由于光纤本身也是敏感元件，因此，加长光纤的长度可以提高灵敏度。这类光纤传感器技术上难度较大，结构比较复杂，调整也较困难。

（2）NFF 型光纤传感器。

NFF 型光纤传感器的原理结构如图 1-6-24 所示。在 NFF 型传感器中，光纤不是敏感元件，即只"传"不"感"。它是利用在光纤的端面或在两根光纤中间，放置光学材料及机械式或光学式的敏感元件，感受被测物理量的变化。NFF 型传感器又可分为两种：一种是将敏感元件置于发送、接收光纤的中间，如图 1-6-24（a）所示，在被测对象参数作用下，或使敏感元件遮断光路，或使敏感元件的光穿透率发生某种变化，于是，受光的光敏元件所接收的光量便成为被测对象参数调制后的信号；另一种是在光纤终端设置"敏感元件加发光元件"的组合体，如图 1-6-24（b）所示，敏感元件感知被测对象参数的变化并将其转变为

电信号，输出给发光元件（如 LED），最后光敏元件以发光元件（LED）的发光强度作为测量所得信息。

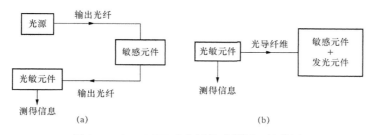

图 1-6-24　NFF 型光纤传感器原理结构图

由于要求 NFF 型传感器能传输尽量多的光信息，所以应采用多模光导纤维。NFF 型传感器结构简单，可靠性高，技术上容易实现，便于推广应用，但灵敏度比 FF 型传感器低，测量准确度也较低。

3. 光纤传感器的应用

下面以光强调制型光纤传感器为例，介绍光纤传感器的应用原理。

（1）光纤位移和压力传感器。

微弯曲损耗的机理是表明光纤微弯对传播光的影响。假如，光线在光纤的直线段的入射角 j_1 大于临界角 j_c 射入界面，即 $j_1 > j_c$，则光线在界面上产生全反射；当光线在微弯曲段的界面上时，即 $j_1 < j_c$，这时，一部分光在纤芯和包层的界面上反射，另一部分光则透射进入包层，从而导致光能损耗。基于这一原理研制成光纤微弯曲位移（压力）传感器，如图 1-6-25 所示。光纤微弯曲位移（压力）传感器由两块波形板（变形器）构成，其中一块是活动板，另一块是固定板。波形板一般采用尼龙、有机玻璃等非金属材料制成。一根阶跃型多模光纤（或渐变型多模光纤）从一对波形板之间通过。

当活动板受到微扰（位移或压力作用）时，光纤就会发生周期性微弯曲，引起传播光的散射损耗，使光在芯模中再分配。例如，活动板的位移或所加压力增加时，泄露到包层的散射光随之减少；反之，光纤芯模的输出光强度就减小。光纤芯透射光强度与外力的关系如图 1-6-26 所示。光强受到了调制，通过检测光纤透射光强度或泄漏出包层的散射光强度就能测量出位移（或压力）。

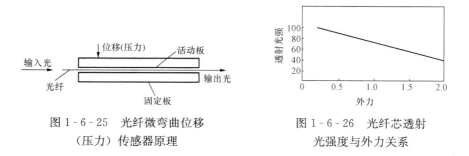

图 1-6-25　光纤微弯曲位移
（压力）传感器原理

图 1-6-26　光纤芯透射
光强度与外力关系

光纤位移或压力传感器的一个突出优点是光功率维持在光纤内部，这样可以避免周围环境的影响，因此适宜在恶劣环境中使用，而且这种传感器结构简单，动态范围宽，线性度较好，性能稳定，是一种有发展前途的传感器。

（2）临界角光纤压力传感器。

临界角光纤压力传感器也是一种光强调制型光纤传感器。如图 1-6-27 所示，在一根单模光纤的端部切割（直接抛光出来）一个反射面，切割角略小于临界角 j_C，j_C 由纤芯折射率 n_1 和光纤端部介质的折射率 n_3 决定，即 $j_C = \arcsin \dfrac{n_3}{n_1}$。若周围介质是气体，则 $j_C = 45°$。若入射光线在界面上的入射角是一定的，由于入射角小于临界角，一部分光折射入周围介质，另一部分光则返回光纤，返回的反射光被分束器偏转到光电控测器输出。当被测介质的压力（温度）变化时，将使纤芯的折射率 n_1 和介质的折射率 n_3 发生不同程度的变化，引起临界角发生改变，返回纤芯的反射光强度也就发生变化。

临界角光纤压力传感器的优点是尺寸小、频率响应特性好，其缺点为灵敏度较低。

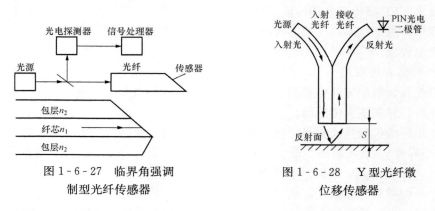

图 1-6-27　临界角强调　　　　　　图 1-6-28　Y 型光纤微
　　制型光纤传感器　　　　　　　　　　位移传感器

（3）光纤传感器应用。

图 1-6-28 所示为 Y 型光纤微位移传感器示意，其中一根光纤表示入射光线，另一根表示反射光线，传感器与被测物的反射面在 4.0mm 之间变化。需要注意的是，测量时光纤轴线与被测面应该垂直。

光纤微位移传感器测量电路如图 1-6-29 所示。光电二极管将光纤的光强信号转换成电流信号，IC_1 实现 I/V 变换，将反射光转换成电压输出，由于信号微弱，再经 IC_2 的电压放

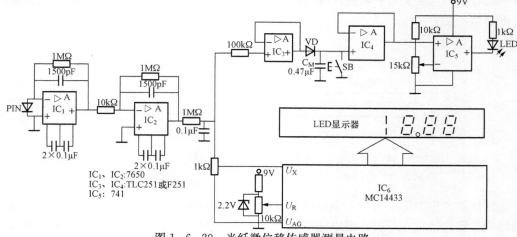

图 1-6-29　光纤微位移传感器测量电路

大，结果送入 A/D 转换器 MCl4433，并经显示器显示输出。由 IC_2 放大的结果送入 IC_3 和 IC_4 组成的峰值保持器（因为传感器的电流输出不是单值函数，达最大值时应予以报警），当 IC_2 达到最大输出电压时，电容 C_M 被充电，经比较器 IC_5 输出报警信号，发光二极管 LED 的亮与灭显示测量的近程与远程。

三、超声波传感器

超声波是一种机械波，具有穿透本领大、方向性好、定向传播等特点，因此，超声波传感器在检测中得到广泛应用。

1. 超声波工作原理

（1）声波的特性。

介质中的一切质点均以弹性力互相联系着。某一质点在介质中振动，能激起其周围的质点振动。振动在弹性介质内的传递过程称为机械波。而声波就是一种能在气体、液体和固体中传播的机械波，它可分成次声波、声波、超声波及特超声波。

人耳能听见的声波频率范围为 20Hz～20kHz。声波频率超过 20kHz，人耳就不能听见，这种声波称为超声波。

由于机械波的振源施力方向与波在介质中传播的方向不同，因此超生波的波动形式可分为横波、纵波、表面波和蓝姆波四种。

1）横波：质点的振动方向垂直于传播方向的波。它只能在固体中传播，如图 1-6-30（a）所示。

2）纵波：指质点的振动方向与传播方向一致的波。它能在固体、液体和气体中传播，如图 1-6-30（b）所示。

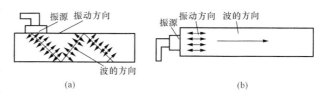

图 1-6-30 超声波在介质中的振动形式

(a) 横向振动；(b) 纵向振动

3）表面波：质点的振动介于纵波和横波之间，沿着表面传播，它是振动幅度随深度的增大而迅速衰减的波，表面波只在固体的表面传播。

4）蓝姆波：蓝姆波沿着板的两个表面及中部传播。板两表面的质点振动是纵波与横波成分之和，它分为对称型和非对称型两种。

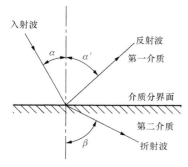

图 1-6-31 超声波的反射和折射

超声波在传播中通过两种不同介质时，会产生折射和反射现象，其频率越高，反射和折射的特性与光波特性越相似，如图 1-6-31 所示。

超声波在同一介质内传播时，随着传播距离的增加，其强度会减弱，这是由于介质吸收能量，引起能量损耗的缘故。介质吸收能量的程度与波的频率和介质密度有关。例如，气体的密度很小，超声波在气体中传播时很快衰减。因此，超声波主要用于固体和液体中有关参数的检测。

（2）超声波发生器原理。

压电传感器中介绍了压电效应的概念，压电晶体除了具有压电效应外，还具有逆压电效应。在压电晶片的两个电极面上施加交流电压，压电晶片就产生机械振动，即压电晶片在两个电极方向有伸缩现象，这种现象称为电致伸缩效应。利用压电晶体的电致伸缩效应，在电极上施加频率高于 20kHz 的交流电压，压电晶体就会产生超声机械振动，从而发出超声波，如图 1-6-32（a）所示。设压电材料的固有频率为 f_0，晶片厚度为 d，声波在压电材料内的传播速度为 c，则

$$f_0 = \frac{n}{2d}c \qquad\qquad (1-6-6)$$

式中：n 为谐波的次数；C 取决于压电材料的弹性模量 E 和密度 ρ，即

$$C = \sqrt{\frac{E}{r}} \qquad\qquad (1-6-7)$$

则

$$f_0 = \frac{n}{2d}\sqrt{\frac{E}{r}} \qquad\qquad (1-6-8)$$

若外加交变电压的频率等于晶片的固有频率，则晶片产生共振，从而获得最强振幅的超声波。超声波的声强可达数十瓦/厘米²，频率可从数十千赫兹到数十兆赫兹。

（3）超声波接收器原理。

超声波接收器是利用压电晶体的压电效应原理工作的。超声波接收器的原理如图 1-6-32（b）所示。在压电晶体的电轴或机械轴的两端面施加某一频率的超声波，则在压电晶体电轴的两个端面出现频率与外加超声波的频率相同的交变电荷，交变电荷的幅值与所施加的超声波强度成正比。通过测量电路将交变电荷转换为电压或电流输出。

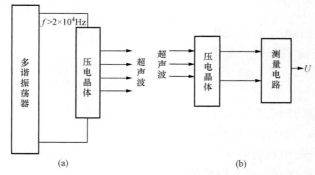

图 1-6-32　超声波发生器和接收器原理
（a）发生器原理；（b）接收器原理

2. 超声波传感器的分类

（1）通用型超声波传感器。

超声波传感器的带宽一般为几千赫兹，并具有选频特性。图 1-6-33 所示为 MA403R（接收传感器）与 MA40A3S（发送传感器）的频率特性。通用型超声波传感器的频带窄，但灵敏度高，抗干扰性强。而在多通道通信使用时，采用宽频带传感器较为方便。

（2）宽带型超声波传感器。

宽带型超声波传感器在工作带宽内具有两个谐振频率，其频率特性就相当于两种传感器的组合，因此在很宽频带范围内具有较高的灵敏度。

（3）密封型超声波传感器。

密封型超声波传感器对环境的适应性较强，可以用于汽车后方检测物体的装置及待时计

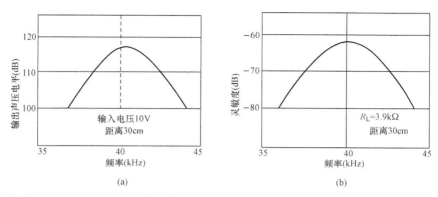

图 1 - 6 - 33　MA403R（接收传感器）与 MA40A3S（发送传感器）的频率特性
(a) MA403R（接收传感器）；(b) MA40A3S（发送传感器）

数器等。

（4）高频型超声波传感器。

前述三种类型传感器的中心频率只有数十千赫兹，但中心频率高于 100kHz 的传感器市场也已经有销售，其中心频率可高达 200kHz，可以进行较高分辨率的测量。

3. 超声波传感器的应用

图 1 - 6 - 34 所示是超声波测距计电路，超声波传感器采用 MA40S2S。电路的工作原理简述如下：用 NE555 低频振荡器调制 40kHz 的高频信号，高频信号通过超声波传感器以声能形式辐射出去，辐射波遇到被检测物体就形成反射波，被 MA40S2S 所接收。反射波的电平与离被检测物体距离远近有关，距离不同时电平差别约有几十分贝以上。为此，电路中增设可变增益放大器（STOC）对电平进行调整。该信号通过定时控制电路、触发电路、门电路变换为与距离相适应的信号。用时钟脉冲对此信号的发送波与接受波之间的延迟时间进行计数，计数器的输出值就是相应的距离。

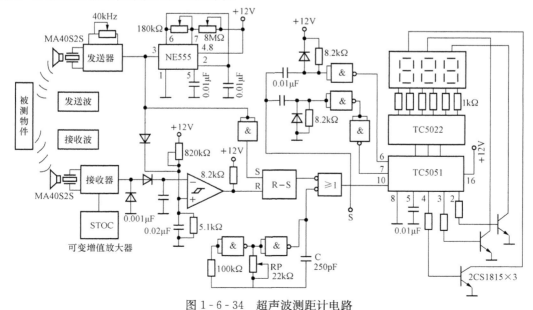

图 1 - 6 - 34　超声波测距计电路

图 1-6-35 所示是采用超声波模块 RS—2410 的测距计，RS.2410 模块内有发送与接收电路以及相应的定时控制电路等。KD—300 为数字显示电路，用三位数字显示超声波模块 RS.2410 的输出，单位为 cm，因此，显示最大距离为 999cm。这种超声波测距计能测量的最大距离约为 600cm，最小距离约为 2cm，但应满足被测物体较大、反射效率高、入射角与反射角相等的条件。

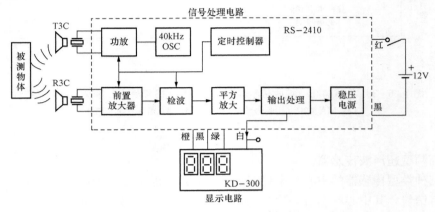

图 1-6-35　采用超声波模块 RS—2410 的测距计

思　考　题

1-6-1　光电二极管与普通二极管有什么区别？如何鉴别光电二极管的性能？

1-6-2　什么是光电效应？根据光电效应现象不同将光电效应分为哪几类？举例说明。

1-6-3　试画出一个由光敏晶体管组成的光控路灯电路。

1-6-4　简述超声波传感器发射和接收的原理。

1-6-5　说明光纤传感器的结构和特点。

1-6-6　试讲出一个超声波传感器在测量距离方面的应用。

1-6-7　人耳所能够分辨声音的频率范围是多少？

项目二 执行器结构与原理

执行单元是构成控制系统的重要组成部分。即使最简单的控制系统也必须由检测单元、调节单元及执行单元组成。执行单元的作用就是根据调节器的输出，直接控制被控变量所对应的某些物理量，如温度、压力和流量等参数，从而实现控制被控对象的目的。执行单元是用来代替人手操作的，是工业自动化的"手脚"，又称为执行器。

任务一 执行器的构成及工作原理

一、执行器的分类及比较

根据所使用的动力能源种类，执行器可以分为气动、液动和电动三种。常规情况下三种执行器的主要特性见表 2-1-1。

表 2-1-1　　　　　　　　　　　　　执行器主要性能比较

主要特性	气动执行器	液动执行器	电动执行器
系统结构	简单	简单	复杂
安全性	好	好	较差
相应时间	慢	较慢	快
推动力	适中	较大	较小
维护难度	方便	较方便	有难度
价格	便宜	便宜	较贵

气动执行器是以压缩空气为动力能源的一种自动执行器。它接受调节器的输出控制信号，直接调节被控介质（如液体、气体或蒸汽等）的流量，使被控变量控制在系统要求的范围内，以实现生产过程的自动化。气动执行器具有结构简单、工作可靠、价格便宜、维护方便和防火防爆等优点，在工业控制系统中应用最为普遍。

电动执行器是以电动执行机构进行操作的。它接受来自调节器的输出电流 $0\sim10mA$ 或 $4\sim20mA$ 信号，并转换为相应的输出轴角位移或直线位移，从而控制调节机构以实现自动调节。电动执行器的优点则是动力能源采用方便，信号传输速度快，传输距离远，但存在其结构复杂、推力小、价格贵及只适用于防爆要求不高场所的缺点，大大地限制了他在工业环境中的广泛应用。液动执行器的最大特点是推力大，但在实际工业中的应用较少。因此，本书重点讨论气动执行器和电动执行器。

二、执行器基本构成及工作原理

执行器一般由执行机构和调节机构两部分组成。执行机构是执行器的推动装置，它可以按照调节器的输出信号量，产生相应的推力或位移，对调节机构产生推动作用；调节机构是执行器的调节装置，最常见的调节机构是调节阀，它受执行机构的操纵，可以改变调节阀阀芯与阀座间的流通面积，以达到最终调节被控介质的目的。

图 2-1-1　执行器工作原理图

常规执行器的结构如图2-1-1所示。无论是气动执行器还是电动执行器，首先都需接受来自调节器的输出信号，作为执行器的输入信号即执行器动作依据；该输入信号送入执行器信号转换单元，转换信号制式后与反馈的执行机构位置信号进行比较，其差值作为执行机构的输入，以确定执行机构的作用方向和大小；执行机构的输出结果再控制调节器的动作，以实现对被控介质的调节作用；其中执行机构的输出通过位置发生器可以产生其反馈控制所需的位置信号。

显然，执行机构的动作构成了负反馈控制回路，这是提高执行器调节精度，保证执行器工作稳定的重要手段。

任务二　气动执行器

一、气动执行器基本构成

气动执行器一般由气动执行机构和调节机构组成，根据应用工作的需要，也可配上阀门定位器或电气转换器等附件，完整的气动执行器工作原理如图2-2-1所示。

图 2-2-1　气动执行器工作原理

气动执行器接受调节器（或转换器）的输出电流信号 I，首先由电气转换器转换成气压信号 p_1，经与位置反馈气压信号进行比较后输出供执行机构使用的气压信号 p，然后由气动执行机构按一定的规律转换成推力，使执行机构的推杆产生相应的位移，以带动调节阀的阀芯动作并产生位置反馈信号，最后再由调节阀根据阀杆的位移程度，实现对被控介质的控制作用。目前使用的气动执行机构主要有薄膜式和活塞式两大类。气动薄膜式执行机构使用弹性膜片将输入气压转变为推力，结构简单，价格便宜，使用最为广泛。气动活塞式执行机构以气缸内的活塞输出推力，由于气缸允许压力较高，可获得较大的推力，因而常可制成长行程的执行机构。

典型的薄膜式气动执行器结构如图2-2-2所示。它分为上下两部分，上半部分是产生推力的薄膜式执行机构，下半部分是调节阀。薄膜式执行机构主要由弹性薄膜、压缩弹簧、调零弹簧和推杆组成。当气压信号 p 进入薄膜气室时，会在膜片上产生向下的推力，以克服弹簧反作用力，使推杆产生位移，直到弹簧的反作用力与薄膜上的推力平衡为止。因此，这种执行机构具有比例式作用特性，即平衡时推杆的位移与输入气压大小成比例。

典型的活塞式气动执行器结构如图2-2-3所示。它也分为上半部分的活塞式执行机构和下半部分的调节阀。活塞式执行机构在结构上是无弹簧的气缸活塞式系统，允许操作压力为 0.5MPa，且无弹簧反作用力，因而输出推力较大，特别适用于高静压、高压差、大口径的场合。它的输出特性有比例式和两位式两种。两位式操作模式是活塞根据其两侧操作压力的大小而动作，活塞由高压侧向低压侧移动，使推杆从一个极端位置移动到另一个极端位置。其行程可达 25～100mm，主要适用于双位调节的控制系统。

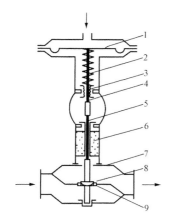 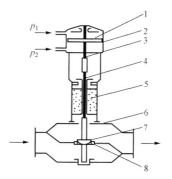

图 2-2-2　薄膜式气动执行器结构
1—弹性薄膜；2—压缩弹簧；3—调零弹簧；
4—推杆；5—阀杆；6—填料；
7—阀体；8—阀芯；9—阀座

图 2-2-3　活塞式气动执行器结构
1—薄膜；2—弹簧；3—调零弹簧；
4—推杆；5—阀杆；6—填料；
7—阀体；8—阀芯

二、阀门定位器

阀门定位器是气动执行器的辅助装置，与气动执行机构配套使用，它主要用来克服流过调节阀的流体作用力，保证阀门定位在调节器输出信号要求的位置上。

定位器与执行器之间的关系如同一个随动驱动系统。定位器接收来自调节器的控制信号和来自执行器的位置反馈信号，对两者进行比较，当两个信号不相对应时，定位器以较大的输出驱动执行机构，直至执行机构的位移输出与来自调节器的控制信号相对应。此外，配置阀门定位器可增大执行机构的输出功率，减少调节信号的传输滞后，加快阀杆的移动速度，提高位置输出的线性度，从而保证调节阀的正确定位。

图 2-2-4 所示为与薄膜执行机构配套使用的气动阀门定位器结构，它是按力矩平衡的方式进行工作的。从调节仪表来的控制信号首先被送入波纹管内，当信号压力增大时，主杠杆绕支点偏转，致使挡板接近喷嘴；喷嘴背压经放大器放大后，送至薄膜气室，以推动推杆下移，并带动反馈杆绕支点转动；反馈凸轮跟着作逆时针转动，通过滚轮使副杠杆绕支点顺时针转动，拉伸反馈弹簧。当弹簧对主杠杆的拉力与信号压力通过波纹管对主杠杆的力达到力矩平衡时，杠杆停止转动，定位器处于相对稳定状态，此时阀门位置与信号压力相对应。

改变反馈凸轮的几何形状，可以改变

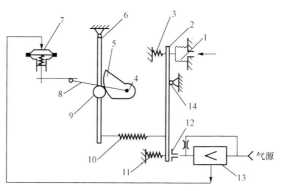

图 2-2-4　气动阀门定位器结构
1—波纹管；2—主杠杆；3—弹簧；4，14—支点；
5—凸轮；6—副杠杆；7—薄膜气室；8—反馈杆；
9—滚轮；10—反馈弹簧；11—调零弹簧；
12—喷嘴；13—放大器

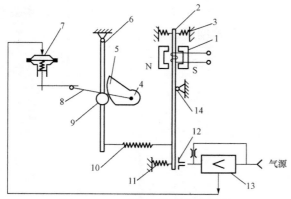

图 2-2-5　电气阀门定位器结构

1—电磁线圈；2—主杠杆；3—弹簧；4，14—支点；
5—凸轮；6—副杠杆；7—薄膜气室；8—反馈杆；
9—滚轮；10—反馈弹簧；11—调零弹簧；
12—喷嘴；13—放大器

输入信号与阀杆位移的对应关系，从而无须变更调节阀阀芯形状即可改变调节阀的流量特性。

阀门定位器有正作用与反作用之分，只要将定位器的结构作少量的调整，即可获得不同的作用方式。将电气转换器与阀门定位器相结合，即形成了电气阀门定位器。此时可将调节器的输出信号直接输入到定位器，而不再需要电气转换器。电气阀门定位器的工作原理与气动阀门定位器的基本相同，只是输入信号及其作用形式不同。在气动定位器的基础上，对波纹管部分做一定的调整即可形成如图 2-2-5 所示的电气阀门定位器。

任务三　电动执行器

电动执行器也由执行机构和调节阀两部分组成。其中，调节阀部分常与气动执行器是通用的，不同的只是电动执行器使用电动执行机构。

一、电动执行器的构成及原理

在防爆要求不高且无合适气源的情况下，可使用电动执行器作为调节机构的推动装置。电动执行器有角行程和直行程两种，其电气原理完全相同，只是输出机械的传动部分有区别。

电动执行器接收调节器送来的 $0\sim10\mathrm{mA}$ 或 $4\sim20\mathrm{mA}$ 直流电流信号，并转换为对应的角位移或直线位移，从而操纵调节机构，实现对被控变量的自动调节。以角行程的电动执行器为例，用 I_i 表示输入电流，q 表示输出轴转角，则两者存在如下的线性关系

$$q = k \cdot I_i \tag{2-3-1}$$

式中：k 为比例系数。

由此可见，电动执行器实际上相当于一个比例环节。为保证电动执行器输出与输入之间呈现严格的比例关系，采用比例负反馈构成闭环控制回路。

图 2-3-1 给出了以角行程电动执行器为例的电动执行器工作原理。它由伺服放大器和执行机构两大部分组成。

伺服放大器由前置磁放大器、晶闸管触发道路和晶闸管交流开关组成，如图 2-3-2 所示。伺服放大器将输入信号 I_i 与位置反馈信号 I_f 进行比较，其

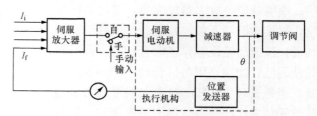

图 2-3-1　电动执行器工作原理示意图

偏差经伺服放大器放大后，控制执行机构中的两相伺服电动机做正、反转动；电动机的高转速小转矩，经减速后变为低转速大转矩，然后进一步转变为输出轴的转角或直行程输出。位

置发送器的作用是将执行机构的输出转变为对应的 $0 \sim 10\text{mA}$ 反馈信号 J_f，以便与输入信号 I_i 进行比较。

电动执行器还提供手动输入方式，便于在系统掉电时提供手动操作途径，以保证系统的调节作用。

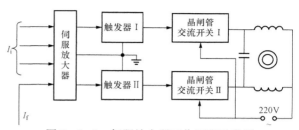

图 2-3-2　伺服放大器工作原理示意图

二、伺服放大器的原理及安装

1. 用途和特点

DFC 型系列伺服放大器是电动执行机构的配套装置，也是工业过程控制自动调节系统的核心部件之一，它与电动执行机构配合，广泛用于电力、冶金、化工等工业过程控制自动化调节系统中。本伺服放大器采用固态继电器作功率输出部件，体积小、耐振动，可靠性高，DFC-1200 型产品还具有信号断失保护功能，可提高系统运行的安全性。伺服放大器还设有状态指示，便于观察和调试。

2. 主要技术参数

（1）输入信号：①DFC-110 型：$0 \sim 10\text{mA.DC}$；②DFC-1100 型：$4 \sim 20\text{mA.DC}$；③DFC-1200 型：$4 \sim 20\text{mA.DC}$（带断信号保护）。

（2）输入电阻：①DFC-110 型：200Ω；②DFC-1100 型：200Ω；③DFC-1200 型：250Ω。

（3）死区可调节范围：$1\% \sim 3\%$。

（4）额定负载电流：5A（交流有效值）。

（5）断信号识别：$<2\text{mA}$，DC（仅对 DFC-1200）。

（6）工作电源：220V，50Hz。

（7）使用环境：温度：$0 \sim 500℃$；相对湿度 $<85\%$；大气压力：$86 \sim 106\text{kPa}$；周围空气中无腐蚀性介质。

3. 工作原理与结构

伺服放大器的输入信号一般有两路：一路为控制信号 I_c，由调节器或其他控制器提供，另一路为位置反馈信号 I_f，由电动执行机构的位置发送器提供。伺服放大器的输出也有两路，可分别控制伺服电动机正转或反转。当 $I_\text{c} - I_\text{f} > 0$（且超过死区）时，伺服放大器有正向输出，当 $I_\text{c} - I_\text{f} < 0$（且超过死区）时，伺服放大器有反向输出，当 $I_\text{c} - I_\text{f} = 0$（或不超过死区）时，伺服放大器无输出。

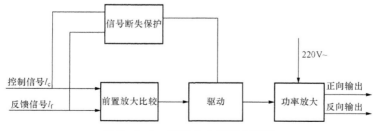

图 2-3-3　伺服放大器工作原理

伺服放大器的主要电气元器件安装在一块印制线路板上，由机箱将电路板，对外接线端子和显示部件构成整体，其原理图如图 2-3-4 所示。

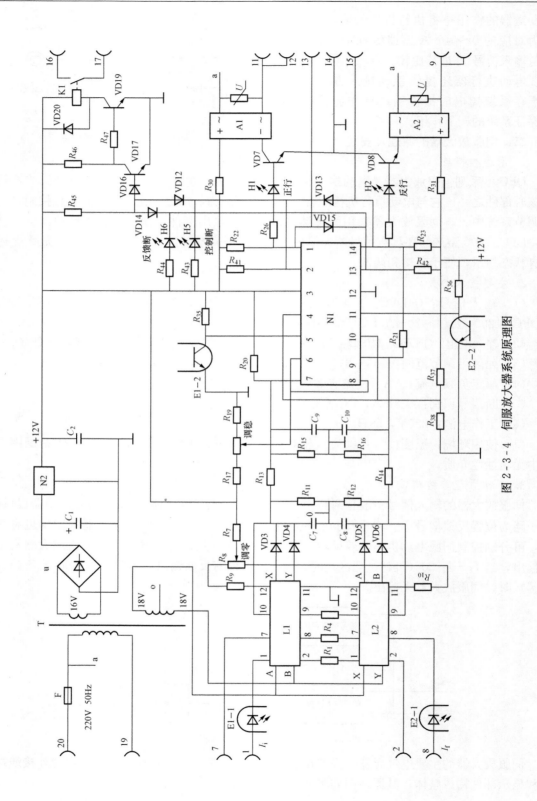

图 2 - 3 - 4 伺服放大器系统原理图

伺服放大器有墙挂式和架装式，其外形及安装尺寸如图 2-3-5 与图 2-3-6 所示。

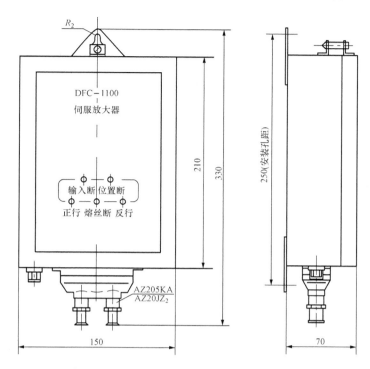

图 2-3-5 墙挂式伺服放大器外形及安装尺寸

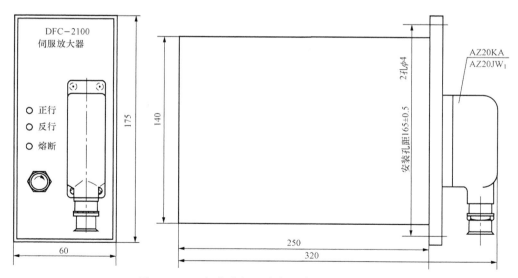

图 2-3-6 架装式伺服放大器外形及安装尺寸

三、ZKJ-7100 型角行程电动执行机构

1. 概述

ZKJ-7100 型角行程电动执行机构是属于 ZKJ 系列中的一种新产品，主要是对 DKJ-

710 型电动执行机构原来存在的问题进行改进设计和功能扩充，它可以和 DDZ－Ⅲ型仪表配套使用，其特点如下：

(1) 采用三相控制技术，以三相电源为动力，能接受 4～20mA（DC）信号；

(2) 位置发送器具有恒流输出特性，输出电流为 4～20mA（DC）；

(3) 三相电动机具有阀用特性，能承受较频繁的启动，没有机械制动器；

(4) 它具有行程控钳器，中途限止机构和力矩限止器；

(5) 电动执行机构采用密封结构，可以用于水溅场合。

2. 用途

ZKJ-7100 型角行程电动执行机构具有连续调节，手动远方控制和就地手动操作三种控制形式。使用 ZKJ-7100 型电动执行机构的自动调节系统，配用电动操作器可实现调节系统手动—自动无扰动切换。该仪表适用于无腐蚀性气体，环境温度执行机构为－10～55℃，相对湿度≤95％的场合。

ZKJ-7100 型角行程电动执行机构可以与 DDZ-Ⅲ型仪表配套使用。它以电动源为动力，接受统一的标准信号 4～20mA（DC），并将此转换成与输入信号相对应的转角位移，自动地操纵风门挡板、蝶阀等完成自动调节任务，或者配用电动操作器和三相控制器实现远方控制。广泛地用于电厂、钢厂、轻工等工业部门。

3. 性能指标

ZKJ-7100 型角行程电动执行机构的基本性能指标如表 2-3-1 所列。

表 2-3-1　　　　　　　　ZKJ-7100 型角行程电动执行机构的型号、规格

输出轴转矩	输出轴每转时间	输出轴有效位移	功耗
6000Nm	160s	90°	1kW

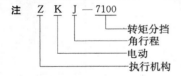

注　Z　K　J　－7100
　　　　　　　　　├─转矩分挡
　　　　　　　　角行程
　　　　　　电动
　　　　执行机构

4. 主要技术性能

(1) 输入信号：4～20mA（DC）；输入电阻：250Ω；输入通道：3 个相互隔离通道。

(2) 输出轴转角范围：0～90°。

(3) 基本误差限：±5％；回差：2.5％；死区：5％；纯滞后：≤1s。

(4) 供电电源：220V 允差（－15％～＋10％）；380V，允差±10％，50Hz。

(5) 使用环境条件：环境温度：三相伺服放大器 0～50℃，执行机构－10～55℃；相对湿度：三相伺服放大器≤70％，执行机构 ≤95％。

(6) 其余指标参见表 2-3-1。

5. ZKJ-7100 工作原理

ZKJ-7100 型角行程电动执行机构是一个用三相交流伺服电动机为原动机的位置伺服机构，其系统如图 2-3-7 所示。

当电动操作器和三相控制器置于自动状态时，三相放大器输入端 I_i＝4mA（DC），位置反馈电流 I_f＝－4mA DC 时，三相放大器无输出，三相电动机不转动，执行机构输出轴稳定

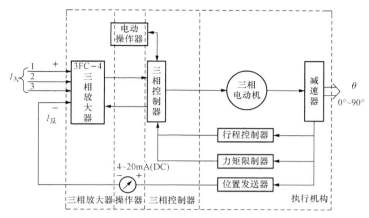

图 2 - 3 - 7　电动执行机构系统

在预选好的机械零位。

当三相伺服放大器输入端有一个输入信号 $I_i > 4\text{mA}$（DC），并且极性与位置反馈电流 I_f 极性相反，此时输入信号与系统本身的位置反馈电流信号在三相伺服放大器的前置磁放大器中进行磁动势的综合比较。由于这两个信号极性相反，若它们大小不相等，就有误差磁动势出现，从而使伺服放大器有足够的输出功率，驱动三相电动机，使执行机构输出轴朝着减小这个误差磁动势的方向运转，直到位置反馈信号与输入信号大小基本相等时为止，此时执行机构输出轴就稳定在与输入信号相对应的转角位置上。

当电动操作器和三相控制器同时置于手动状态时，只要操纵电动操作器或三相控制器中的远方控制开关，直接控制三相电动机可逆运转，从而实现带动阀门开度的改变。另外，在现场可摇动执行机构中的手轮来改变执行机构输出轴的旋转角度，从而改变阀门开度大小。

ZKJ - 7100 型角行程电动执行机构各组成部分简述如下。

（1）三相伺服放大器。

三相伺服放大器主要由前置磁放大器、转向审定电路、启动阻尼电路、一致电路、功率触发电路、三相功率开关以及越限判别电路等组成，其原理如图 2 - 3 - 8 所示。本三相伺服放大器电路是属于无触点电路，并采用过零触发，故使用性能比较可靠。

（2）执行机构。

执行机构部分包括三相电动机、减速器、位置发送器、行程控制器和力限制器等。

1）三相电动机：三相电动机是电动执行机构中的核心部件，其特性要求与阀门使用特性一致，因此市场上一般三相电动机不能直接使用，其工作原理与普通三相交流电动机一样。

2）减速器：减速器是将高转速，小转矩的电动机输出功率变成低转速、大转矩的执行机构输出轴功率。本减速器采用一级圆柱齿轮，一级蜗杆蜗轮和一级少齿差星齿轮传动混合的结构形式，其机械传动示意图如图 2 - 3 - 9 所示。减速器箱体上装有手动部件，用来进行就地手操，使用时只要将手轮往手动方向拉出即可摇动手轮进行操作。

3）位置发送器：位置发送器是将输出轴的位移线性地转换成直流电流 4～20mA 信号，它一方面作为电动执行机构的闭环负反馈信号，另一方面作为电动执行机构的位置指示信号，在自动和手动工情况下都需要位置发送器稳定可靠地工作。其线性度、死区、零点变化、温度变化的影响都直接影响电动执行机构的性能，它是电动执行机构中的一个重要环节。

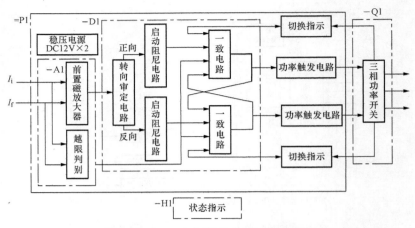

图 2-3-8　三相伺服放大器工作原理图

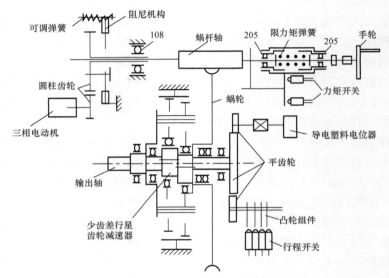

图 2-3-9　电动执行机构机械传动示意图

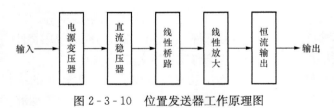

图 2-3-10　位置发送器工作原理图

本位置发送器采用导电塑料电位器作为传感器，另有电源变压器、直流稳压电路，桥路和线性放大以及恒流输出电路等。位置发送器工作原理如图 2-3-10 所示。

位置发送器基本参数：

①基本误差限：±0.5%；

②导电塑料电位器转角位移：0°～270°；

③恒流性能：负载从 750Ω 变化到 1000Ω 输出电流变化＜0.3%；

④输出电流：4～20mA（DC）；

⑤供电电源：220V AC，50Hz。

4）行程控制器。

行程控制器具有上、下限极限位置控制和中途位置控制两种功能。上、下限极限控制器主要是用来控制电动执行机构运转到两个极限位置时，一方面切断通到三相电动机上的供电电源，另一方面可以发出终端信号，供给系统控制需要。中途位置控制器主要用在两个极限位置以内的任何位置上，其目的是提高系统运行可靠性和调节系统的需要而设置的。

极限位置控制器和中途位置控制器统称为行程控制器，它们主要由凸轮组件和行程开关组合而成。凸轮由圆柱齿轮传动带动旋转，到某一位置时，由凸轮把行程开关触点打开翻转一个位置，从而达到控制目的。

5）力矩限制器。

力矩限制器主要用来限制电动执行机构输出轴转矩大小，从而保证阀门安全可靠的工作。力矩限制器是利用蜗杆窜动原理构成。即蜗杆轴上轴向力超过压缩弹簧力时，就左右窜动，通过连杆机构把行程开关的触头翻转，切断三相电动机的电源，从而达到保护作用。

（3）三相控制器。

三相控制器主要用于遥控电动执行机构中三相电动机可逆运转，当三相伺服放大器或调节器出现故障时，可以实现电动执行机构的远方手动控制。当三相控制器上的拨动开关处在手动工况时，只要按下"正行"或"反行"按钮开关，可操纵三相电动机可逆运转，同时观看电动操作器上阀位指针的变化，当达到所需控制的阀位开度时，立即松开按钮开关即可。

当三相控制器上的拨动开关处在自动工况时，三相电动机由三相伺服放大器控制供电。当出现故障（断相或漏电时），缺相漏电保护单元的漏电信号检测电路或断相信号检测电路则有输出，使有关电路动作，切断供给三相电动机的电源，以达到保护作用。当三相电动机发生堵转等过载现象时，过热继电器动作，切断供给三相电动机的电源，使其停机以免烧坏电动机。

四、智能型直流无刷变频电动执行机构

智能型变频电动执行器是利用数字化变频、单片机技术，改造目前现有的电动执行器。使之具有智能化、变速运行、动态响应好、调节定位准确度高、稳定性好、故障率低、寿命长及应用场合更加广泛的特点。智能型变频电动执行器与各种阀体配合，可以构成各类智能型变频电动调节阀。这类电动调节阀在调节过程中，阀芯运行速度是变化的，在输入信号和阀位反馈信号偏差较大时，比普通电动调节阀快，加速调节作用。但随着输入信号和阀位反馈信号偏差减小，阀电速度会变慢，阀芯的运动速度也会随之下降。越接近平衡点阀电机速度会越慢。在平衡点附近阀门会一点点打开或关闭，具有极强的微调作用，其结果是大大提高了阀门的控制准确度。

智能型直流无刷变频电动执行机构的主要特点：

采用外接模拟信号来控制速度可以获得理想调节效果。智能型变频电动执行器通过内置智能化控制模块向变频器提供的模拟速度信号控制，再通过变频器控制伺服电机以不同的速度运行。电动执行机构借助这一速度控制信号，会以较低的速度在设定值附近启、闭阀门可有效防止管道内压力的剧烈波动。若干扰使被调参数与设定值偏离较大时，电动执行机构将以极快的速度操作阀门，克服干扰并可逐渐避免空穴作用造成的危险，即可保护管道和阀门免受过压和磨损。

智能型电动执行机构采用智能控制器来进行控制，实现控制过程最优化，减少电机起停次数，减少阀门磨损内置智能控制模块，是一种自适应多功能控制器。智能型电动执行机构采用变频调速技术使动作过程始终随控制信号和阀位反馈信号偏差自适应调整。这可确保以最小的启停次数来实现最高的控制准确度，从而实现控制过程最优化，并因起停次数的减少而减少阀门的磨损。

智能型电动执行机构采用变频调速技术可实现"柔性软启动"和"电制动"。在确保最大力矩的同时，可避免对阀门的冲撞。智能型电动执行机构以最大力矩的低速渐进调整阀门开度，并柔性软启动使启动电流大大减少。即使频繁启动次数很多的流量、压力系统也不会烧毁电机。这就是变频柔性软启动、软关闭的特色。这一传统电动执行器难以实现的功能，因内置一体化变频器的采用而得以实现。在接近设定或极限位置时，变频器自动调整电机供电的频率和电压，降低电机转速，以最低速度慢慢到达位置。避免因惯性对阀门造成的过调和冲撞而施加电制动功能，使电动执行机构的输出力矩永远都不会超过事先设定的关断力矩。

智能型电动执行机构可改善阀门的线性特性，使用较为简单的阀门，完成复杂的控制。智能型电动执行机构对于复杂的控制过程可使阀门的开度与介质的流速成比例。根据阀门的特性，内置智能控制模块自动调整全行程过程中的运行速度，将全行程运行时间分为10挡。每一挡都以不同的速度运行。通过参数设定来完成设置。这一功能被称为"行程－速度特性"，主要被用来改善阀门线性特性。同时还具备改善阀门的流量特性，内置智能控制模块通过参数设定可实行线性、等比、近似快开流量特性之间的转换。

智能型电动执行机构采用变频调速技术始终掌握阀门的状态阀门长期的磨损、物料淤积和锈蚀会造成阀门运转不够灵活，内置智能控制模块内含自诊断、自累加功能，自动提升下限频率提高电机输出功率，解决阀门运转不够灵活问题。

智能型电动执行机构采用变频调速技术使应用软件性能丰富可靠。软件系统针对电动执行器和调节阀各种应用场合的要求开发。其中包括，按偏差大小变速调节；阀门上、下限限位保护；输入信号标准化为4～20mA，1～5V；位置反馈信号标准化；断线保护；作用方式现场任意设定；分程调节；串级副环调节；联锁控制；断相、过热、过力矩、阀卡等多重保护；大流通能力、高差压、流量特性转换；阀芯运动动态过程调整、掉电保护等多项功能。

五、直行程电动执行机构

1. 调节阀工作原理

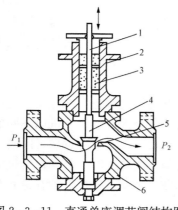

图 2-3-11　直通单座调节阀结构图
1—阀杆；2—上阀盖；3—填料；4—阀芯；
5—阀座；6—阀体

调节阀是各种执行器的调节机构。它安装在流体管道上，是一个局部阻力可变的节流元件，其典型的直通单座调节阀的结构如图 2-3-11 所示。

考虑流体从左侧进入调节阀，从右侧流出。阀杆的上端通过螺母与执行机构的推杆连接，推杆带动阀杆及其下端的阀芯上下移动，使阀芯与阀座间的流通截面积产生变化。

当不可压缩流体流经调节阀时，由于流通面积的缩小，会产生局部阻力并形成压力降。如 P_1 和 P_2 分别是流体在调节阀前后的压力，ρ 是流体的密度，W 为接管处的流体平均流速，z 为阻力系数，则存在如下关系：

$$P_1 - P_2 = zr \frac{W^2}{2} \qquad (2-3-2)$$

如假设调节阀接管的截面积为 A ，则流体流过调节阀的流量 Q 为

$$Q = A \cdot W = A \cdot \sqrt{\frac{2(P_1 - P_2)}{zr}} \qquad (2-3-3)$$

显然，由于阻力系数与阀门的结构形式和开度有关，因而在调节阀截面积 A 一定时，改变调节阀的开度即可改变阻力系数 z ，从而达到调节介质流量的目的。

同时，在式（2-3-3）的基础上，可定义调节阀的流量系数 Q 。它是调节阀的重要参数，可直接反映流体通过调节阀的能力，在调节阀的选用中起着重要作用。

2. 调节阀结构及分类

调节阀的品种很多。根据上阀盖的不同结构形式可分为普通型、散热片型、长颈型以及波纹管密封型，适用于不同的使用场合。

根据不同的使用要求，调节阀具有不同的结构，在实际生产中应用较广的主要包括直通双座调节阀、直通单座调节阀、角型调节阀、高压调节阀、隔膜阀、蝶阀、球阀、凸轮挠曲阀、套筒调节阀、三通调节阀和小流量调节阀等。

直通双座调节阀的基本结构如图2-3-12（a）所示。它的阀体内有两个阀芯和两个阀座，流体对上下阀芯的推力方向相反，大小近于相等，故允许使用的压差较大，流通能力也比同口径单座阀要大。由于加工限制，上下阀不易保证同时关闭，所以关闭时泄漏量较大。另外阀内流路复杂，高压差时流体对阀体冲蚀较严重，同时也不适用于高黏度和含悬浮颗粒或纤维介质的场所。

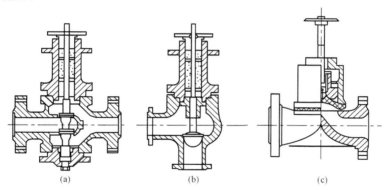

图2-3-12 几种调节阀结构示意图
（a）直通双座；（b）角阀；（c）隔膜阀

直通单座调节阀的基本结构如图2-3-11所示，其特点是关闭时的泄漏量小，是双座阀的十分之一。由于流体压差对阀芯的作用力较大，适用于低压差和对泄漏量要求严格的场合，而在高压差时应采用大推力执行机构或阀门定位器。调节阀按流体方向可分为流向开阀和流向关阀。流向开阀是流体对阀芯的作用促使阀芯打开的调节阀，其稳定性好，便于调节，实际中应用较多。

角型调节阀除阀体为直角外，其他结构与直通单座调节阀相似，其结构如图2-3-12（b）所示。阀体流路简单且阻力小，适用于高黏度和含悬浮颗粒的流体调节。调节阀流向分底进侧出和侧进底出两种，一般情况下前种应用较多。

高压调节阀的最大公称压力可达32MPa，应用较广泛。其结构分为单级阀芯和多级阀

芯。因调节阀前后压差大，故须选用刚度较大的执行机构，一般都要与阀门定位器配合使用。图 2 - 3 - 12（b）所示的单级阀芯调节阀的寿命较短，采用多级降压，即将几个阀芯串联使用，可提高阀芯和阀座经受高压差流量的冲刷能力，减弱汽蚀破坏作用。

　　隔膜阀（如图 2 - 3 - 12（c）所示）的结构简单，流阻小，关闭时泄漏量极小，适用于高黏度、含悬浮颗粒的流体；其耐腐蚀性强，适用于强酸、强碱等腐蚀性流体。由于介质用隔膜与外界隔离，无填料，流体不会泄漏。阀的使用压力、温度和寿命受隔膜和衬里材料的限制，一般温度小于 150℃，压力小于 1.0MPa。此外，选用隔膜阀时执行机构须有足够大的推力。当口径大于 DN100mm 时，需采用活塞式执行机构。

　　蝶阀又名翻板阀，其简单的结构如图 2 - 3 - 13（a）所示，它的价格便宜，流阻小，适用于低压差和大流量气体，也可用于含少量悬浮物或黏度不大的液体，但泄漏量大。转角大于 60°后，特性不稳定，转矩大，故常用于转角小于 60°的范围内。

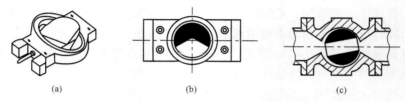

图 2 - 3 - 13　几种调节阀阀芯结构示意图
（a）蝶阀；（b）V 形球阀；（c）球阀

　　球阀分 V 形球阀（见图 2 - 3 - 13（b））和球阀（见图 2 - 3 - 13（c））。V 形球阀的节流元件是 V 形缺口球形体，转动球心时 V 形缺口起节流和剪切作用，适用于纤维、纸浆及含颗粒的介质。球阀的节流元件是带圆孔的球形体，转动球体可起到调节和切断的作用，常用于位式控制。

　　凸轮挠曲阀的结构如图 2 - 3 - 14（a）所示。它又称为偏心旋转阀，其阀芯呈扇形面状，与挠曲臂和轴套一起铸成，固定在转动轴上。阀芯从全开到全关转角约为 50°。阀体为直通形，流阻小，适用于黏度大及一般场合。其密封性能好，体积小，质量轻，使用温度范围一

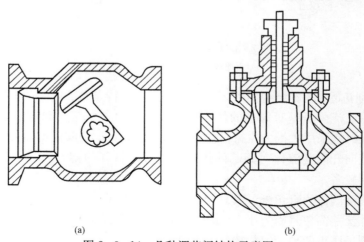

图 2 - 3 - 14　几种调节阀结构示意图
（a）凸轮挠曲阀；（b）套筒调节阀

般在－100～400℃。

套筒调节阀又称笼式阀，其结构如图 2 - 3 - 14（b）所示。它的阀体与一般直通单座阀相似。阀内有一圆柱形套筒或称笼子，内有阀芯，利用套筒作导向上下移动。阀芯在套筒里移动时，可改变孔的流通面积，以得到不同流量特性。套筒阀可适用于直通单座和双座调节阀所应用的全部场合，并特别适用于噪声要求高及压差较大的场合。

三通调节阀有三个出入口与管道连接，其工作示意图如图 2 - 3 - 15 所示。它的流通方式分为合流式和分流式两种，结构与单座阀和双座阀相仿。通常可用来代替两个直通阀，适用于配比调节和旁路调节。与单座阀相比，组成同样的系统时，可省掉一个二通阀和一个三通接管。

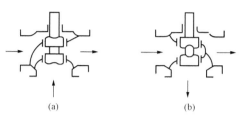

图 2 - 3 - 15　三通调节阀结构示意图
（a）合流式三通阀；（b）分流式三通阀

小流量调节阀的流通能力在 0.0012～0.05 之间，用于小流量紧密调节。超高压阀用于高静压、高压差场合时，工作压力可达 250MPa。

3. 调节阀的流量特性

调节阀的流量特性是指被控介质流过阀门的相对流量和阀门相对开度之间的关系，即

$$\frac{Q}{Q_{\max}} = f\left(\frac{l}{L}\right) \qquad (2 - 3 - 4)$$

式中：$Q/Q_{\max}$ 为相对流量，即某一开度流量与全开流量之比；l/L 为相对行程，即某一开度行程与全行程之比。

阀的流量特性会直接影响到自动调节系统的调节质量和稳定性，必须合理选用。一般地，改变阀芯和阀座之间的节流面积，便可调节流量。但当将调节阀接入管道时，其实际特性会受多种因素如连接管道阻力的影响。为便于分析，首先假定阀前后压差固定，然后再考虑实际情况，于是调节阀的流量特性分为理想流量特性和工作流量特性。

在调节阀前后压差固定的情况下得出的流量特性就是理想流量特性。此时的流量特性完全取决于阀芯的形状。不同的阀芯曲面可得到不同的流量特性，它是调节阀固有的特性。

目前常用的调节阀中有四种典型的理想流量特性：第一种是直线特性，其流量与阀芯位移成直线关系；第二种是对数特性，其阀芯位移与流量间存在对数关系，由于这种阀的阀芯移动所引起的流量变化与该点的原有流量成正比，即引起的流量变化的百分比是相等的，所以也称为等百分比流量特性；第三种是快开特性，这种阀在开度较小时流量变化比较大，随着开度的增大，流量很快达到最大值，它没有一定的数学表达式；第四种是抛物线特性，其相对流量与相对行程间存在抛物线关系，曲线介于直线与等百分比特性曲线之间。图2 - 3 - 16列出了调节阀的几种典型理想流量特性曲线，图 2 - 3 - 17 给出了他们对应的阀芯形状。

实际应用中，调节阀工作时其前后压差是变化的，此时获得的流量特性就是工作流量特性。在实际应用装置上，由于调节阀还需与其他阀门、设备、管道等串联或并联，使阀两端的压差随流量变化而变化，而不是固定值，其结果使得调节阀的工作流量特性不同于理想流量特性。串联的阻力越大，流量变化引起的调节阀前后压差变化也越大，特性变化也就越大。所以调节阀的工作流量特性除与阀的结构有关外，还与调节阀两端配管的情况有关。同一个调节阀，在不同的工作条件下，具有不同的工作流量特性。

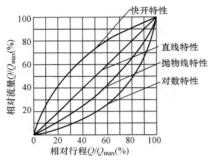
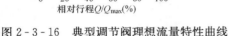

图 2-3-16　典型调节阀理想流量特性曲线　　　图 2-3-17　不同流量特性的阀芯曲面形状

由于调节阀的工作流量特性会直接影响调节系统的调节质量和稳定性，因而在实际应用中调节阀特性的选择是一个重要问题。一方面需要选择具有合适流量特性的调节阀以满足系统调节控制的需要，另一方面也可以通过选择具有恰当流量特性的调节阀，来补偿调节系统中本身不希望具有的某些特性，如用于系统线性化补偿等。

4. 调节阀的流量系数

流量系数 C 是直接反映流体流过调节器的能力，是调节阀的一个重要参数。流量系数 C 定义为当调节阀全开、阀两端压差为 0.1MPa、流体密度为 $1g/m^3$ 时，每小时流过调节阀的流量值，通常以 m^3/h 或 t/h 计。例如，一调节阀的流量系数 $C=40$，则表示当此调节阀两端压差为 0.1MPa 时，调节阀全开每小时能够流过的水量为 $40m^3$。

对于不可压缩的流体，流过调节阀的流量为

$$Q = A \cdot W = A \cdot \sqrt{\frac{2(P_1 - P_2)}{zr}} \qquad (2-3-5)$$

考虑选取接管截面积 A 的单位为 m^3，压力 P_1 和 P_2 的单位为 Pa，密度 ρ 的单位为 g/m^3，则式（2-3-5）需修正为

$$Q = A \cdot \sqrt{1000 \times \frac{2(P_1 - P_2)}{zr}} \quad （单位：cm^3/s）$$

$$= 0.16 \cdot A \sqrt{\frac{2(P_1 - P_2)}{zr}} \quad （单位：m^3/h） \qquad (2-3-6)$$

引入流量系数 C 有：

$$Q = C \cdot \sqrt{\frac{2(P_1 - P_2)}{zr}} \qquad (2-3-7)$$

即：

$$C = 0.16 \frac{A}{\sqrt{z}} \qquad (2-3-8)$$

流量系数 C 值取决于调节阀的接管截面积 A 和阻力系数 z。其中，阻力系数 z 主要由阀体结构所决定，口径相同，结构不同的调节阀，其流量系数不同。通常，生产厂商所提供的流量系数 C 为正常流向时的数据。

5. 典型应用（调节型电动蝶阀）

（1）用途：本调节型电动蝶阀是由 DKJ-Z 型直连式电动执行机构与蝶阀采用同轴对接，并用此法连接配套的产品。

该产品主要适用于石油、化工、食品、医药，轻纺、造纸、发电、船舶、冶炼、供排水等系统管路上与 DDZ 系列仪表配套使用，可在各种腐蚀性与非腐蚀性气体、液体、半流体，固体粉末管道与容器上做自动调节和远方控制，能自动控制液位、流量、压力及固体粉末的物位。

（2）调节型电动蝶阀主要性能 见表 2-3-2。

表 2-3-2   调节型电动蝶阀主要性能

公称压力	PN 10～PN 16		
规格	DN 50（2″）～DN 800（82″）		
试验压力	密封　1.1PN		
	强度　1.5PN		
介质温度	－20～146℃		
适用介质	淡水、污水、海水、盐水、空气、天然气、蒸汽、食品、药品、各种油类、各种酸碱类及其他		
输入信号	Ⅱ型 0～10mA，DC　　Ⅲ型 4～20mA，DC		
输入通道	3		
输入电阻	Ⅱ型 200Ω，Ⅲ型 250Ω		
输出 90°时间误差	±20%		
电源电压	～220V　50Hz		
使用环境	普通型	a. 环境温度　－10～55℃ b. 环境湿度　95% c. 空气中不含腐蚀性气体 d. 无强烈振动	
	户外型	a. 同普通型 b. 可使用在户外能防尘，防雨达到 IEC 标准，IP65 指标	

（3）调节型电动蝶阀特点：

1）结构紧凑，90°开关迅速。

2）达到完全密封，气体密封试验泄漏为零。

3）可更换阀座适应多种介质不同的温度。

4）流量物性为等百分比曲线，自动调节性能好。

5）启闭实验次数多达数万次，寿命长。

6）凡使用闸阀，截止阀，旋塞阀及隔膜阀的管路都可用本调节型电动蝶阀代换。

（4）结构说明及动作原理如图 2-3-18 所示。该调节型电动蝶阀主要由蝶阀及 DKJ 角行程电动执行器两大部分组成。附有放大器和操作器。其自动调节原理如下：

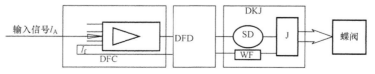

图 2-3-18　调节型电动蝶阀自动调节原理图

DFC—伺服放大器；DFD—电动操作器；DKJ—执行机构；

SD—两相伺服电动机；WF—位置发送器

　　从操作器来的信号电流，进入执行机构，使其输出一个相应的转角，带动阀轴，使阀板做出相应的转动。由于阀板在阀体内的转动改变流通截面，达到对介质流量的调节。

　　就地手动操作：就地手动操作应在断电，并将电动机"把手"拔到"手动位置，然后将手轮（连轴）向外拉出运转手轮进行手动操作。由手动转入自动运行时，必须将"把手"，拨到"自动"位置，且将手轮推入。

　　蝶阀作用方式可分为电开式和电关式两种：

　　电开式：当无信号电流时，阀板于关闭位置，随着信号电流从 $0\sim10$mA 或 $4\sim20$mA 的增加，阀板从关闭位置逐渐向全开位置。

　　电关式：当无信号电流时，阀板于全开位置，随着信号电流从 $0\sim10$mA 或 $4\sim20$mA 的增加，阀板从全开位置逐渐向关闭位置。

　　（5）调节型电动蝶阀连接方式：如图 2-3-19 所示。

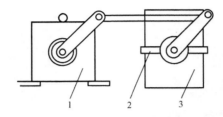

图 2-3-19　角行程电动执行器直联型联接方式
1—角行程电动执行器；2—蝶阀；3—管道

　　（6）调节型电动蝶阀外形及主要联接尺寸如图 2-3-20 所示。

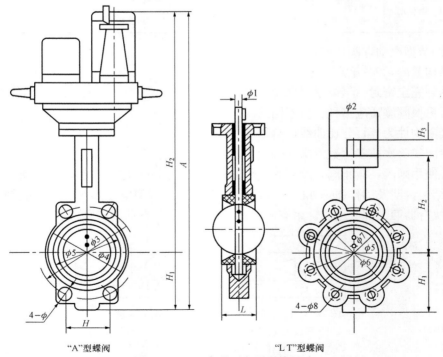

"A"型蝶阀　　　　　　　　　　　　　　　　"LT"型蝶阀
图 2-3-20　直联型主要联接尺寸

项目三　传感器及现场仪表校验与调校

实训任务一　弹簧管压力表调校

一、实训目的

（1）了解弹簧管压力表的结构原理；

（2）熟悉压力调校器的使用方法；

（3）掌握压力表的调整、调校方法；

（4）掌握运用误差理论及仪表性能指标来处理实训所得的数据。

二、实训设备

单圈弹簧管压力表（见图 3-1-1）：

（1）标准压力表（0.25 级）1.6MPa，1 块；

（2）被校压力表（1.5 级）1.6MPa，1 块；

（3）手操式压力计调校器，6MPa　1 台；

（4）电接点压力表（1.5 级）1.6MPa，1 块。

图 3-1-1　单圈弹簧压力表

三、调校系统（见图 3-1-2）

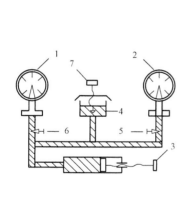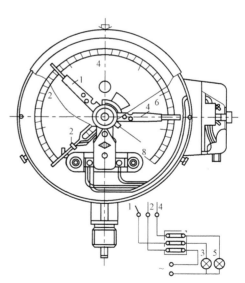

图 3-1-2　压力表调校系统

1—被校压力表或电接点压力表；2—标准压力表；3—压力调校器手柄；

4—油杯；5，6—截止阀手轮；7—油杯针形阀

四、实训原理

本实训采用标准表比较法，将被校压力表和标准压力表通以相同压力，比较它们的指示值。要求标准表的精确度等级至少要比被校表精确度等级高两级，同时要求标准表的量程与

被校表的量程越接近越好，这样可以提高测量准确度。标准表的绝对误差一般应小于被校表绝对误差的 1/4，标准表的误差可以忽略不计，认为标准表的读数就是真实压力的数值。如果被校表对于标准表的误差不大于被校表的允许误差，则认为被校表合格，否则认为被校表不合格，必须经过调校合格后方能使用或降级使用。

五、实训步骤

（1）将标准表与被校表（或电接点压力表）分别安装在手操式压力调校器上。

（2）使用手操式压力手柄加压。

（3）调整好仪表的零点和量程（即刻度的终点）。

1）仪表零点的调整：调整压力调校器的手柄，将标准表的压力调整到量程的 1/3 处。将被校表的表罩取下，用表旋具将被校表指针取下，重新安装到量程的 1/3 处。

2）仪表量程的调整：调整压力调校器的手柄，将标准表的压力加到满量程处，保持压力信号不变。将被校表的表罩、指针、刻度盘取下，调整被校表的量程调整螺丝，使被校表的压力达到满量程。

仪表的零点和量程要反复调整数次，直到零点和量程都调好为止。

（4）在全量程范围内将被校表的量程平均分成五份以上，以各点为校验点。

（5）单方向增压至校验点，轻敲表壳并读数。继续加压到后几个校验点，重复以上操作，直到满量程为止，保持上限压力 3min。

（6）首先按正行程（由小→大）调校，然后按反行程（由大→小）调校。重复做两次，同时读取并记录被校表和标准表的示值。

电接点压力表校验时，将上限、公用端、下限分别与闪光报警器的报警点相连接，调整电接点压力表上下限拨针时，接通接点即报警。

实训过程中，应保持各压力表指针单方向无跳动。

六、数据处理

将得到的实训数据和处理结果填于表 3-1-1 中，确定被校表的准确度等级。

表 3-1-1　　　　　实训数据处理表

仪表型号：	仪表量程：	仪表原准确度：			
被校表压力值（MPa）	0%	25%	50%	75%	100%
上行程输出压力（MPa）					
上行绝对误差（MPa）					
下行程输出压力（MPa）					
下行绝对误差（MPa）					
绝对变差（MPa）					
基本误差（%）				现准确度：	
最大变差（%）					
结论					

七、误差计算公式

绝对误差＝被校表示值－标准表示值

$$基本误差=\frac{最大绝对误差}{量程}\times100\%$$

$$变差=\frac{上行程绝对误差-下行程绝对误差}{量程}\times100\%$$

八、实训报告

（1）要求有实训题目、实训目的、实训设备及连接图、自己做实训的步骤，实训数据记录。

（2）计算误差、确定仪器的准确度等级，判断所调校的仪器是否合格，要有结论，完成思考题。

思 考 题

（1）压力表所测压力是什么压力？环境大气压对压力表检测是否有影响？为什么？

（2）试分析弹簧管压力表存在变差的原因？

（3）实训中若以标准刻度为准，从被校表中读数可以吗？为什么？

（4）校验被校仪表时，标准表应如何选择？为什么？

实训任务二　热电偶检定与校验

一、实训目的

（1）熟悉热电偶检定仪器结构和工作原理；

（2）掌握校验热电偶检定方法；

（3）会热电偶、热电阻校验。

二、实训设备

1. 实训所需的仪器、设备及工具

（1）一、二等 K 热电偶（各 1 个）及标准热电偶 1 个（如图 3-2-1 所示）；

（2）直流电位差计和直流数字电压表各 1 个；

（3）管式检定炉、温度控制器、冰点恒温器等。

2. 校验装置连接图（见图 3-2-2）

三、校验热电偶

（1）按图 3-2-2 所示校验装置接线图接线，经允许后准备升温校验。

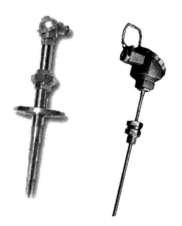

图 3-2-1　热电偶

（2）当炉温接近校验点温度时，若采用手动控温，调节控制温度的电压，使温度变化的速度降下来；若采用自动控温，则必须等待温度稳定，以达到每分钟炉温的变化不超过0.2℃的要求，同时还应注意冰浴槽中是否还有冰块，以保证热电偶自由端恒为 0℃。在满足前述各项技术要求的前提下，即可进行数据测量。

（3）热电偶校检采用比较法。按表 3-2-1 中所列温度进行校验。本实训的被校热电偶为铜—康铜热电偶。用被校热电偶在 0～300℃温度区间与标准热电偶相比较，用电位差计

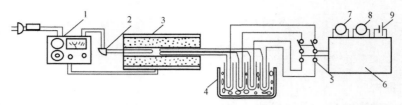

图 3-2-2　校验装置接线图

1—温度控制器；2—温控热电偶；3—管式检定炉；4—冰点恒温器；5—切换开关；
6—直流电位差计；7—数字电压表；8—标准电池；9—直流电源

测出热电偶的热电势，计算所得误差。

表 3-2-1　　　　　　　　　　　　常用热电偶校验点温度

配用热电偶名称、分度号	补偿导线正极		补偿导线负极		补偿导线在 100℃的热电动势 mV
	材料	颜色	材料	颜色	
铂铑 10 铂　S	铜	红	铜镍	绿	0.645
镍铬—镍硅　K	铜	红	康铜	黑	4.095
镍铬—康铜　E	镍铬	红	铜镍	棕	6.317

（4）校验时将热电偶的热端插入炉内 150～300mm，该范围内温度均匀，一般读数时要求温度稳定（温度变化小于 0.2℃/min），电位差计为 0.05 级以上。将标准热电偶与被校热电偶的热端用金属丝绑扎在一起（也可不绑扎）；插孔用绝热材料（石棉布）堵严保温（使用小孔时可不堵）。各热电偶的冷端置于冰点槽中以保持 0℃。

（5）按电位差计使用说明将各导线接入系统后，依次改变管式电炉的温度设定值，记录热电偶输出毫伏电动势，并比较两个热电偶确定误差，要求各校验点的温度误差都不得超过表 3-2-2 中所规定的允许值。

表 3-2-2　　　　　　　　　　　工业用热电偶的允许误差范围

热电偶	允许误差			
	温度（℃）	误差（℃）	温度（℃）	误差（℃）
铂铑 10—铂	0～800	±2.4	>800	±0.4
镍铬—镍硅	0～600	±4	>600	±0.75
铜—康铜	0～300	±4	>300	±1.0

在每一校验温度点处，可在升温情况下连续测量两次，在降温情况下再连续测量两次的数据来计算平均值。

四、实训步骤

（1）熟悉装置，了解各装置结构及各部分作用。

（2）用经验方法识别热电偶：根据热电偶材料的颜色、粗细、硬度等物理特征，识别热电偶的种类及热电偶的正负电极。

（3）按连线图正确接线。

（4）根据需要，通过温度控制系统的控制器设定温度。

（5）精密电位差计调整。

（6）温度控制系统温度稳定后检测热电偶电动势。根据被校热电偶的检测范围分 3～5 点。记录各调校点对应数据，按报告要求进行计算。

（7）数据记录及处理（见表 3 - 2 - 3）

表 3 - 2 - 3 　　　　　　　　数据记录及计算（环境温度 t_0 ＝_____）

	第一点		第二点		第三点	
标准热电偶 （K 型）	$E(t, t_0)$（mV）		$E(t, t_0)$（mV）		$E(t, t_0)$（mV）	
	$E(t_0, 0)$（mV）		$E(t_0, 0)$（mV）		$E(t_0, 0)$（mV）	
	$E(t, 0)$（mV）		$E(t, 0)$（mV）		$E(t, 0)$（mV）	
	温度 t（℃）		温度 t（℃）		温度 t（℃）	
被校热电偶 （K 型）	$E(t, t_0)$（mV）		$E(t, t_0)$（mV）		$E(t, t_0)$（mV）	
	$E(t_0, 0)$（mV）		$E(t_0, 0)$（mV）		$E(t_0, 0)$（mV）	
	$E(t, 0)$（mV）		$E(t, 0)$（mV）		$E(t, 0)$（mV）	
	温度 t（℃）		温度 t（℃）		温度 t（℃）	
绝对误差						
基本误差（按量程 1200℃计算％）		结论				

五、实训报告

（1）用专门的实训报告纸进行记录。

（2）要求有实训题目、目录、实训目的、实训设备及连接图、自己做实训的步骤，实训数据记录。并画出调校接线图。

（3）计算各误差、确定仪器的准确度等级，并判断所调校的仪器是否合格，要有结论，完成思考题。

思 考 题

（1）热电偶接线为何使用补偿导线？

（2）精密直流电位差计中"粗"、"细"和"短"三个按键的作用是什么？

（3）检流计有什么作用？

实训任务三　T20X/T21X 系列智能压力变送器的调校

一、实训目的

（1）了解 T20X/T21X 系列智能压力变送器的作用；

（2）掌握 T20X/T21X 系列智能压力变送器的原理；

（3）会智能压力变送器的调校方法和使用方法。

二、主要特点

T20X/T21X 系列智能压力变送器采用具有国际先进水平的电容陶瓷传感器或压阻陶瓷传感器，配合高精度电子元件，经严格的工艺过程装配而成。它采用了无中介液的干式压力测量技术，充分发挥了陶瓷传感器的技术优势，使 T20X/T21X 系列智能压力变送器具有优异的技术性能，它抗过载和抗冲击能力强，稳定性高，并具有很高的测量精度，其外观如

图 3 - 3 - 1　T20X/T21X 智能压力变送器
(a) T20X；(b) T21X

图 3 - 3 - 1 所示。

(1) 电容陶瓷传感器抗过载和抗冲击能力强，过压可达量程的数倍。

(2) 稳定性高，准确度优于 0.1% 满量程。

(3) 温度偏移小，由于取消了测量元件中的中介液，因此传感器不仅获得了很高的测量准确度，且受温度的影响小。

(4) 抗干扰能力强。

(5) 适用性广，产品具有多种型号，多种过程连接形式，多种制作材料，可适应工业测量中的各种介质。

(6) 安装维护简便，产品结构合理，体积小，质量轻，可直接安装在任意位置。

三、工作原理

T20X/T21X 系列智能压力变送器工作原理如图 3 - 3 - 2 所示。

被测介质的压力直接作用于传感器的陶瓷膜片上，使膜片产生与介质压力成正比的微小位移。正常工作状态下，膜片最大位移

图 3 - 3 - 2　T20X/T21X 系列智能压力变送器工作原理

不大于 0.025mm，电子线路检测到这一位移量后，即把这一位移量转换成对应于这一压力的标准工业测量信号。超电压时膜片直接贴到坚固的陶瓷基体上，由于膜片与基体的间隙只有 0.1mm，因此过电压时膜片的最大位移只能是 0.1mm，所以从结构上保证了膜片不会产生过大变形，由于膜片采用高性能的工业陶瓷因而使传感器具有很强的抗过载能力。

四、T20X 系列智能压力变送器性能

1. 技术参数

(1) 准确度等级：0.5 级；回差：0.1%FS；温度影响：±0.1%/10℃。

(2) 工作电压：13～30V DC；稳定性：±0.2%。

(3) 信号输出：4～20mA；允许过电压，量程 200%。

(4) 外型尺寸：120×60×100mm，最大压力量程 200%。

(5) 允许温度：介质—20～70℃；环境：—20～80℃。

2. 负载特性（见图 3 - 3 - 3）

3. 外形尺寸及安装方式（见图 3 - 3 - 4）

安装方式为螺纹式安装。

4. 调校接线

如图 3-3-5 所示，端子 4 接 24V 直流电源，然后与 4～20mA 电流表串联，再经过负载电阻连接端子 3。

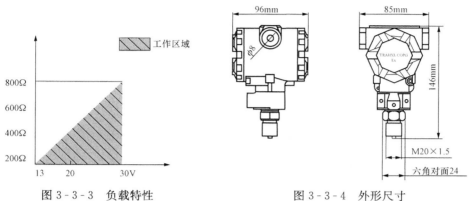

图 3-3-3　负载特性　　　　　　　　图 3-3-4　外形尺寸

5. 零点及量程

调整 Z 为零点调整，S 为量程调整。压力变送器接线端子，如图 3-3-6 所示。

注意：

（1）传感器允许最大压力为 2 倍量程；

（2）安装时，用扳手夹住 M20×1.5 的外六角部分，切不可将力作用于压力变送器外壳。

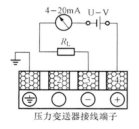

图 3-3-5　调校接线

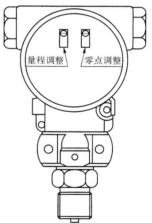

图 3-3-6　零点及量程调整

五、T21X 系列智能压力变送器性能

1. 带 GDM 接插件压力变送器外形图

如图 3-3-7 所示为 GDM 接插件。它由塑料卡簧、固定螺丝、GDM 接插件组成。

2. 技术参数

（1）准确度等级：0.5 级。

（2）回差：0.1%FS。

（3）温度影响：±0.1%/10℃。

（4）允许温度：介质 -20～70℃；环境 -20～80℃。

（5）工作电压：13～30V（DC）。

（6）最大压力：量程 200。

图 3-3-7　GDM 接插件

（7）信号输出：4～20mA。

（8）允许过电压：量程 200%。

3. GMD 接插件接线端子（见图 3 - 3 - 8）。

4. 接线方式（见图 3 - 3 - 9）

注意：将 GDM 接插件的固定螺丝卸下，拨下接插件便看见图 3 - 3 - 8 中，但必须用摄子将螺丝孔内小塑料卡簧向中间撬一下，才能拆开接插件，看见接线端子。

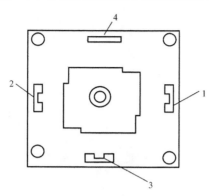

图 3 - 3 - 8　接线端子

1—供电电源正；2—供电电源负；

3—NC；4—屏蔽线和地线

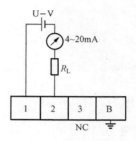

图 3 - 3 - 9　接线方式

图 3 - 3 - 10　调整电位器

Z—零点调整　S—满量调整

5. 零点及量程调整

GMD 接插件和不锈钢连接件之间是用螺纹连接的，反时针旋下 GMD 插件，内部有两个多圈电位器，如图 3 - 3 - 10 所示。

六、仪表调校记录单（见表 3 - 3 - 1 和表 3 - 3 - 2）

表 3 - 3 - 1　　　　　　　　实训用主要仪器、设备技术参数一览表

项目	被校仪表	标准仪器			
名称					
型号					
规格					
准确度					
数量					
制造厂					
出厂日期					

七、数据处理

（1）训练时一定要等现象稳定后再读数、记录，否则会给训练结果带来较大误差。

（2）实训前拟好实训记录表格。

（3）实训时一定要等稳定后再读数、记录，否则因滞后现象会给实训结果带来较大的误差。

表 3 - 3 - 2 　　　　　　　　　　　　　**变送器实训数据记录表**

输入	输入信号刻度分值		0%	25%	50%	75%	100%
	输入信号						
输出	输出信号标准值						
	实测值	正行程					
		反行程					
误差	实测值	正行程					
		反行程					
	实测变差						
	实测基本误差						
	最大变差			结论：			
	实测准确度等级						

思 考 题

（1）T20X/T21X 系列智能压力变送器的安装方法？

（2）T20X/T21X 智能压力变送器的区别是什么？

实训任务四　智能 1151 型差压变送器的调校

一、实训目的

（1）熟悉智能 1151 型差压变送器的整体结构及各部分的作用，进一步理解差压变送器工作原理及整机特性。

（2）掌握智能型差压变送器的调校方法、零点迁移方法及准确度测试方法。

（3）学会智能差压变送器的使用方法。

二、实训装置

1. 实训所需仪器、设备

（1）智能 1151 型差压变送器，1 台，0.2 级，1151DP（配三阀组）。

（2）标准电阻箱，1 台。

（3）标准电流表，1 只。

（4）直流稳压电源，1 只。

（5）智能手操器，1 只。

（6）标准压力发生器 1 台（或标准气源压力组）。

2. 实训装置连接图（见图 3 - 4 - 1）

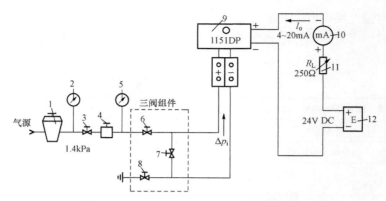

图 3-4-1　1151 型差压变送器校验接线图

1—过滤器；2、5—标准压力表；3—截止阀；4—气动定值器；6—高压阀；7—平衡阀；
8—低压阀；9—1151 型差压变送器；10—标准电流表；11—标准电阻箱；12—稳压电源

三、实训指导

（1）1151DP 型差压变送器的主要技术指标包括型号、基本误差、测量范围、输出电流、负载电阻、工作电源、线性误差、变差、阴尼时间常数等，详见设备铭牌与说明书。

（2）实训注意事项。

1）接线时，要注意电源极性。在完成接线后，应检查接线是否正确，气路有无泄漏，并请指导老师确认无误后，方能通电。

2）没通电，不加压；先卸压，再断电。

3）一般仪表应通电预热 15min 后再进行调校。

（3）实训要求。

1）对差压变送器进行调校前，应先关闭阻尼。

2）在对变送器进行零点、量程调校前，应先将迁移取消，再进行零点、量程调整。

3）对变送器进行迁移时注意迁移后的被测压力不得超过该仪表允许测量范围上限值的绝对值，也不能将量程压缩到该表所允许最小量程。

4）不要把电源信号线接到测试端子，否则会烧坏内部二极管。

（4）实训原理。

电容式差压变送器是一种没有杠杆系统和整机负反馈环节的开环仪表，它采用差动电容作为检测元件，整体结构无机械传动、调整装置，各项调整都是由电气元件调整来实现的。它实质上仍然是一种将输入差压信号线性地转换成标准的 4～20mA 直流电流信号输出的转换器。变送器在结构上主要有三个部件：敏感部件（测量部件）、放大板和调校板。

变送器在投运前必须对各项性能及指标进行全部调校，可以通过外给标准的差压值看其输出值的方法检查其准确度或通过手操器改变量程来判定其准确度。

四、实训内容与步聚

1. 按图接线（见图 3-4-1）

2. 一般检查

观察仪表的结构，熟悉零点、量程、阻尼调节、正负迁移等的调整位置。

（1）在校验前，应先观察仪表的结构，熟悉零点、量程、阻尼调节、正负迁移等调整位置。

（2）零点和量程电位器调整螺钉位于变送器电气壳体的铭牌后面，移开铭牌即可进行调校。当顺时针转动调整螺钉，使变送器输出增大。标记 Z 为调零螺钉，标记 R 为调量程螺钉，标记 L 为线性调整，标记 D 为阻尼调整。

（3）零点迁移插头位于放大器板元件侧。当插件插在 SZ 侧，则可进行正迁移调整，当插件插在 EZ 侧，则可进行负迁移调整。

3. 调整零点和量积

通过手操器对零点和量程进行调整：

（1）关闭阻尼：将阻尼电位器 W4（标记 D）按逆时针方向旋到底。

（2）调校训练取消迁移：将迁移插件插到无迁移的中间位置。

（3）零点调整：关闭高压阀 6，打开平衡阀 7 和低压阀 8，调整定值器，使输入压差信号 Δp_i 为零，调整零点电位器 W2，（标记 Z），使输出电流为 4mA（1V）。

（4）满量程调整：关闭平衡阀 7，打开高压阀 6，调整定值器，使输入压差 Δp_i 为满量程值，调整量程电位器 W3（标记 R），使输出电流为 20mA（5V）。

因为调整量程螺钉 R（电位器 W3）时会影响零点输出信号，调整零点螺钉 2（电位器 W2）不仅改变了变送器的零点，同时也影响了变送器的满度输出（但量程范围不变），因此，零点和满度要反复调整，直至都符合要求为止。

4. 仪表精度的调校

（1）将输入差压信号 ΔP_i 的测量范围平均分成 5 点（测量范围的 0%、25%、50%、75%、100%），对仪表进行精度测试。

（2）相对应的输出电流值 I_0 应分别为 0、4、8、12、16、20mA。

（3）测试方法：用定值器缓慢加压力产生相应的输入差压信号 ΔP_i，防止发生过冲现象。先依次读取正行程时对应的输出电流值 $I_{0正}$，并记录；再缓慢减小压力，读取反行程时相对应的输出电流值 $I_{0反}$，并记录。

5. 零点迁移调整及改变量程

（1）如果零点迁移量<300%，则可直接调节零点螺钉电位器 W2；如果迁移>300%，则将迁移插件插至 SZ（或 EZ）侧。

（2）调整气动定值器，使输入压差信号 ΔP_i 为测量范围下限值 $\Delta P_{i下}$，调整零点螺钉，使输出电流 I_0 为 4mA。

（3）调整气动定值器，使 ΔP_i 为测量范围上限值 $\Delta P_{i上}$，调整量程调节螺钉（电位器 W3），使输出电流 I_0 为 20mA。然后，零点、满量程反复调整，直到合格为止。

（4）零点迁移、改量程调整好以后，再进行一次准确度检验，方法同前，并画出变送器迁移后的输入—输出特性曲线。

6. 阻尼调整

（1）放大板上的电位器 W4 是阻尼调整电位器。调整 W4 可使阻尼时间常数在 0.2～1.67s 变化。

（2）通常阻尼的调整可在现场进行。在使用时，按仪表输出的波动情况进行调整。由于调整阻尼并不影响变送器的静态准确度，所以最好选择最短的阻尼时间常数，以使仪表输出的波动尽快地稳定下来。

（3）调整方法：输入一个阶跃负跳变差压信号，例如将输入压力由量程的最大值突然降至0，同时用秒表测定当输出电流由20mA下降到10mA时所需的时间，即为阻尼时间常数。本变送器的阻尼时间常数在0.2～1.67s连续可调。

（4）调节时可用小螺丝刀插入阻尼调节孔内（D标记），顶时针方向旋转时，其阻尼时间将增大。

五、仪表调校记录单（见表 3-4-1、表 3-4-2）

表 3-4-1　　　　　　　　　　实训用主要仪器、设备技术参数一览表

项目	被校仪表	标准仪器			
名称					
型号					
规格					
准确度					
数量					
制造厂					
出厂日期					

表 3-4-2　　　　　　　　　　变送器实训数据记录表

			0%	25%	50%	75%	100%
输入	输入信号刻度分值		0%	25%	50%	75%	100%
	输入信号						
输出	输出信号标准值						
	实测值	正行程					
		反行程					
误差	实测值	正行程					
		反行程					
	实测变差						
	实测基本误差						
	最大变差		结论：				
	实测准确度等级						

六、数据处理

数据处理时应注意的问题：

（1）实训前拟好实训记录表格；

（2）实训时一定要等现象稳定后再读数、记录，否则因滞后现象会给实训结果带来较大的误差。

（3）运用正确的公式进行误差运算。

（4）整理实训数据并将结果填入表格。

（5）分析变送器的静态特性，画出变送器输入—输出静态特性曲线（包括正、反行程），

求出最大非线性误差。

思　考　题

（1）1151 型差压变送器主要由哪些部件构成？

（2）所调校的差压变送器是智能式的吗？请说出智能型差压变送器比普通型差压变送器具有哪些优点？

实训任务五　温度变送器的调校

一、实训目的

（1）熟悉温度变送器的具体结构，温度变送器的使用方法，从而进一步理解其工作原理。

（2）学会热电偶温度变送器零点调整、量程调整、零点迁移及准确度调校方法。

（3）掌握、热电阻温度变送器的三线制温度变送器的应用特性。

二、实训装置

1. 实训所需仪器、设备

（1）热电偶温度变送器，1台；

（2）热电阻温度变送器，1台；

（3）毫伏信号发生器，1台；

（4）标准手动电位差计，1台；

（5）精密电阻箱，2台；

（6）标准电流表，1只；

（7）标准数字电压表，1只；

（8）直流稳压电源，1只。

2. 实训装置连接图

实训装置连接如图 3-5-1 和图 3-5-2 所示。各端子作用详见产品说明书。

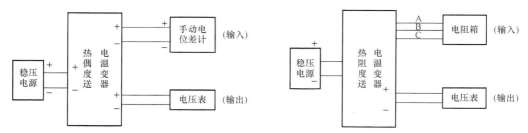

图 3-5-1　热电偶温度变送器校验接线图　　　图 3-5-2　热电阻温度变送器校验接线图

三、实训指导

1. 主要技术指标

温度变送器的主要技术指标详见设备铭牌与说明书。其主要内容包括型号、测量范围、分度号、零点迁移、输出信号、工作电源、基本误差、变差、负载电阻等。

2. 实训注意事项

（1）接线时，要注意极性，并且在通电 15min 后再开始实训。

（2）实训中以缓慢的速度输入信号，以保证不产生过冲现象。

（3）在调整电位器时不要用力过猛，防止拧坏。

（4）实训前，要准备好调校记录单，并查热电偶在各调校点的温度/毫伏对照表或热电阻温度/电阻对照表，将需要的数据查出并填入已准备好的数据记录表中。

3. 实训原理

温度变送器有三个品种：一种是将直流信号线性地转换成 4～20mA 直流电流或 1～5V 直流电压输出的直流毫伏变送器，另外两种是分别与热电偶和热电阻相配合，将温度信号线性地转换成统一的 4～20mA 直流电流信号和 1～5V 直流电压信号输出热电偶温度变送器和热电阻温度变送器。

温度变送器的调校原理是：利用毫伏信号发生器模拟热电偶产生对应于不同温度值的毫伏信号作为变送器的输入信号。利用精密的电阻箱产生对应于不同温度值的电阻信号作为变送器的输入信号。通过调整相应的电位器，从而实现变送器的零点、量程的调整和准确度的调校。

注意：在调校热电偶温度变送器时是否存在冷端温度的补偿问题。

四、实训内容与步聚

1. 按图接线

根据实训原理及图 3-5-1 和图 3-5-2 所示与产品说明书正确接线。

2. 一般检查

观察仪表的结构，熟悉零点、量程等的调整位置。

3. 零点和量程的调整

（1）热电偶温度变送器：根据测量范围，先调整手动电位差计的测量刻度盘为下限所对应的热电势（考虑冷端温度的影响），再调整毫伏信号发生器，使手动电位计差达平衡，即给温度变送器加入温度下限值所对应的电动势，观察输出电流表（或电压表），调整零点电位器，使变送器输出为 4mA（或 1V）。再用上述方法调手动电位差计和信号发生器，给温度变送器加入上限温度值对应的热电势，调整量程电位器，使变送器的输出信号为 20mA（或 5V）。同理，应反复多次调整，直到零点和量程都满足要求为止。

（2）热电阻温度变送器：根据测量范围，调整代替热电阻的精密电阻箱，加入温度下限值对应的电阻值，观察输出电流表（或电压表）的读数，调整零点电位器，使变送器输出信号为 4mA（或 1V）。再调节精密电阻箱，加入上限温度值对应的电阻值，调整量程电位器，使变送器的输出信号为 20mA（或 5V）。同理，应反复多次调整，直到零点和量程都满足要求为止。

4. 仪表准确度的调校

将温度测量范围平均分成五点（量程的 0％、25％、50％、75％、100％5 个点）进行准确度测试，在这五个点上其相应的输出信号应分别是 0、4、8、12、16、20mA。

五、仪表调校记录单（见表 3-5-1～表 3-5-3）

六、数据处理

（1）数据处理时应注意的问题：

表 3 - 5 - 1   **实训用主要仪器、设备技术参数一览表**

项目	被校仪表	标准仪器			
名称					
型号					
规格					
准确度					
数量					
制造厂					
出厂日期					

表 3 - 5 - 2   **热电偶温度变送器实训数据记录表**

输入	输入信号刻度分值		0%	25%	50%	75%	100%
	输入信号						
输出	输出信号标准值						
	实测值	正行程					
		反行程					
误差	实测值	正行程					
		反行程					
	实测变差						
	实测基本误差						
	最大变差			结论：			
	实测准确度等级						

表 3 - 5 - 3   **热电阻温度变送器实训数据记录表**

输入	输入信号刻度分值		0%	25%	50%	75%	100%
	输入信号						
输出	输出信号标准值						
	实测值	正行程					
		反行程					
误差	实测值	正行程					
		反行程					
	实测变差						
	实测基本误差						
	最大变差			结论：			
	实测准确度等级						

1）实训前拟好实训记录表格；

2）实训时一定要等现象稳定后再读数、记录，否则因滞后现象会给实训结果带来较大的误差。

（2）运用正确的公式进行误差运算，注意若下限不是数据零的话，温度的分值在每个点上要加上测量温度的下限值。

（3）整理实训数据并将结果填入表格。

（4）根据实际的温度变送器的端子图，画出实训时接线图（与端子对应）。

思 考 题

（1）温度变送器是由哪些单元组成的？

（2）在实训中，若是代替热电偶的信号发生器与变送器的连接线断开或代替热电阻的标准电阻箱与变送器的连接线断开，变送器输出信号会如何变化？为什么？

实训任务六　气动薄膜调节阀的测试和校验

一、实训目的

（1）熟悉气动薄膜调节阀整体结构及各部分的作用。

（2）掌握气动薄膜调节阀非线性偏差、变差及灵敏限的测试方法。

（3）了解执行机构测试、调节阀的测试。

（4）学会气动薄膜调节阀的校验。

二、实训装置

1. 气动薄膜调节阀主要技术性能指标

（1）最大供气气源压力为 0.24MPa；

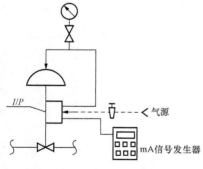

图 3-6-1　气动调节阀接线图

（2）标准输入信号压力为 0.02～0.1MPa；

（3）基本误差限（或线性误差）：0.02；

（4）始、终点偏差 0.0029。允许泄漏量。

2. 校验接线图（见图 3-6-1）

三、测试方法

气动薄膜调节阀是工艺生产过程自动调节系统中极为重要的环节。为了确保其安全正常运行，在安装使用前或检修后应根据实际需要进行必要的检查和校验。

1. 执行机构测试

（1）薄膜气室密封性检查。

当调节阀铭牌信号压力范围为 0.02～0.1MPa 时，将 0.08MPa 压力的压缩空气通入薄膜气室，切断气源，持续 5min，薄膜气室内压力下降不应超过 0.007MPa（5mmHg）。

（2）推杆动作与行程检查。

1）用 0.02～0.1MPa 范围的信号压力输入薄膜气室，往复增加和降低信号压力，推杆移动应均匀灵活无卡滞跳动现象。

2）调整压缩弹簧预压力，使信号压力为 0.015MPa 时推杆开始起动（与阀门定位器配用时起动信号压力为 0.02MPa）。

3）以 0.02～0.1MPa 压力范围增加和降低信号压力，推杆行程应满足调节阀最大行程要求。

2. 调节阀的测试

（1）密封填料函及其他连接处的渗漏测试。

将温度为室温的水，以调节阀公称压力 1.1 倍或最大操作压力的 1.5 倍的压力，按打开阀芯的方向通入调节阀的一端，另一端封闭。保持压力 10min，同时阀杆每分钟作 1～3 次往返移动。密封填料函及其他部件连接处不应有渗漏现象。

（2）关闭时的泄漏测试。

1）注水法泄漏测试：对于双座调节阀一般可用简易的注水法检查泄漏情况。向薄膜气室输入信号压力使调节阀关闭（气关阀输入 1.2MPa 信号压力，气开阀信号压力为零）。向调节阀进口处注入温度为室温的水，在不加压的情况下另一端应无显著滴漏现象。

2）水压法泄漏量测试：对于事故切断用的或要求关闭严密的单座调节阀、角型调节阀、隔膜阀可用此法。

四、气动薄膜调节阀的校验

1. 始终点偏差校验

将 0.02MPa 的信号压力输入薄膜气室，然后增加信号压力至 0.1MPa，阀杆应走完全行程，再降低信号压力至 0.02MPa。在 0.1MPa 和 0.02MPa 处测量阀杆行程，其始点偏差和终点偏差不应超过允许值。

2. 全行程偏差校验

将 0.02MPa 的信号压力输入薄膜气室，然后增加信号压力至 0.1MPa，阀杆应走完全行程。测量全行程偏差不超过允许值。

3. 非线性偏差校验

将 0.02MPa 的信号压力输入薄膜气室，然后以同一方向增加信号压力至 0.1MPa，使阀杆作全行程移动，再以同一方向降低信号压力至 0.02MPa，使阀杆反向做全行程移动。在信号压力升降过程中逐点记录每隔 0.008MPa 的信号压力时相对应的阀杆行程值（平时校验时可取 5 点）。输入信号压力—阀杆行程的实际关系曲线与理论直线之间的最大非线性偏差不应超过允许值。

4. 正反行程变差校验

校验方法与非线性偏差校验方法相同，按照正反信号压力—阀杆行程实际关系曲线，在同一信号压力值时阀杆正反行程值的最大偏差不应超过允许值。

（1）正行程校验。

选取 20、40、60、80、100kPa 5 个输入信号校验点，输入信号从 20kPa 开始，依次增大加入膜头的输入信号的压力至校验点，在百分表上读取各校验点阀杆的位移量，将测试结果填入表 3-6-1 的相应栏目内。

（2）反行程校验。

正行程校验后，接着从 100kPa 开始，依次减加入膜头的输入信号压力至各校验点，同样读取各点阀杆的位移量，将测试结果填入表 3-6-1 的相应栏目内。并绘制正、反行程校验的"信号—位移"特性曲线。

5. 灵敏限校验

输入薄膜气室信号压力，在 0.03、0.06、0.09MPa 的行程处，增加和降低信号压力，测量当阀杆移动 0.01mm 时信号压力变化值，（百分表的指示有明显的变化）时，读取各自的信号压力变化值，填入表 3-6-1 中的相应栏目内。其最大变化值不应超过允许值。

表 3-6-1　　　　　　非线性偏差、变差及灵敏限校验纪录表

非线性偏差及变差测试记录					
校验点		阀杆位置		阀杆位移量	
百分值（%）	信号值（kPa）	正行程（%）	反行程（%）	正行程（%）	反行程（%）
0					
25					
50					
75					
100					
非线性偏差%					
变差%					

灵敏限测试记录		
测试点	阀杆移动 0.01mm 时信号变化量	减少信号变化量（kPa）
百分值　　　　信号值（kPa）	增加信号变化量（kPa）	减少信号变化量（kPa）
10%		
50%		
90%		
灵敏限（%）		

校验结论：

实训任务七　阀门定位器校验

一、实训目的

（1）熟悉阀门定位器结构及各部分的作用；

（2）掌握阀门定位器的调试方法；

（3）会阀门定位器的校验。

二、阀门定位器结构

图 3-7-1 所示阀门定位器结构示意图，阀门定位器是按力矩平衡原理工作的。当输入电流 I 通入永久磁钢 1 中线圈时，线圈受永久磁钢作用，对主杠杆产生一个向左的力，使主杠杆绕支点

15 逆时针偏转，固定在主杠杆上的挡板靠近喷嘴，使喷嘴背压升高，经气动放大器放大后输出气压也随之升高。此输出作用在气动执行机构的薄膜气室，使阀杆向下运动。阀杆的位移通过反馈杆绕支点偏转，反馈凸轮也跟着逆时针偏转，通过滚轮使副杠杆绕支点顺时针偏转，从而使反馈弹簧拉伸，反馈弹簧产生反馈力矩使主杠杆顺时针偏转。当反馈力矩与电磁力矩相平衡时，阀门定位器就达到平衡状态。此时，阀杆就稳定在某一位置，从而实现了阀杆位移与输入信号电流成正比关系。

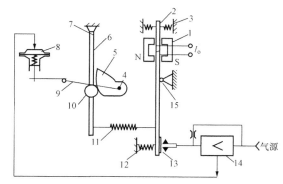

图 3-7-1　阀门定位器结构示意图
1—永久磁钢；2—主杠杆；3—迁移弹簧；4—支点；5—反馈凸轮；
6—副杠杆；7—副杠杆支点；8—气动执行机构；9—反馈杆；
10—滚轮；11—反馈弹簧；12—调零弹簧；13—喷嘴挡板
机构；14—气动放大器；15—主杠杆支点

阀门定位器作为气动薄膜调节阀的辅助工具，对调节阀的使用起着决定性作用，定位器调校质量的好坏直接影响调节阀的使用，从而会影响到工艺的生产操作。而阀门定位器的调校作为仪表工必须掌握的一项技能，掌握好定位器的校验方法不但可保证定位器的调校质量，而且能节省大量的工作量。

三、阀门定位器调校方法

用调反馈杠杆法来校准阀门定位器的步骤如下：

（1）使阀杆位于行程中点，调整定位器与反馈杠杆成 90°角，并将螺钉固定；

（2）将零点、量程分别置于中间位置；

（3）输入 4mA（DC）信号使调节阀开始动作，调节零点，使零点达到要求；

（4）输入 20mA（DC）信号，看其行程是否达到要求，如没达到，则调量程，使其达到要求；

（5）重复（3）、（4）两步，使零点和量程均达到要求。

阀门定位器一般给定信号是 4～20mA，要调试阀门，首先是先给定 50%，也就是 12mA 信号，保持反馈杆在水平位置上，这时可以多次调试，只要让阀门阀位指示到 50% 的位置，基本的就准了，这时再给 4mA 或 20mA，调试零点和量程，要反复好几次，初调时不知道定位螺栓是很正常的，只要确定 50%，基本就没有什么问题了。只要将 50% 调试出来，阀门基本功能就可以使用了，要更精确的话，就继续调零位和量程，要反复调多次，直至零点和量程一致，才完成调整。

四、阀门定位器与气动调节阀的联校

1. 行程调校

把阀门定位器安装在调节阀体上后，按图 3-7-2 所示调节阀与定位器联校连接图接好气动信号管线。在去调节阀膜头的一侧安装一块标准压力表，可选用 0.16MPa，用标准信号发生器给阀门定位器依次加 4～20mA 的电流信号，观测标准压力表示值和调节阀的行程，根据执行机构的作用形式判断动作方向是否正确，如果方向正确而示值有偏差，可通过调整执行机构的工作弹簧或电气阀门定位器的零点（ZERO）和量程（SPAN）螺钉来校正。

表 3 - 7 - 1 　　　　　　　　　　　　**实 训 数 据 记 录 表**

输入	输入信号刻度分值		0%	25%	50%	75%	100%
	输入信号						
输出	输出信号标准值						
	实测值	正行程					
		反行程					
误差	实测值	正行程					
		反行程					
	实测变差						
	实测基本误差						
	最大变差			结论：			
	实测准确度等级						

（1）零点调整。

给阀门定位器输入 4mA DC 信号，其输出气压信号应为 20kPa，调节阀阀杆应刚好启动。如不符，可调整阀门定位器中的零点调节螺钉来满足要求。

（2）量程调整。

给阀门定位器输入 20mA DC 信号，输出气压信号应为 100kPa，调节阀阀杆应走完全行程（100％处），否则调节量程螺钉使之满足要求。

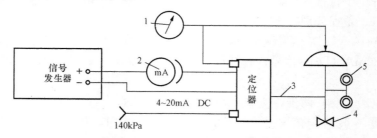

图 3 - 7 - 2　调节阀与定位器联校连接图
1—精密压力表；2—直流毫安表；3—反馈杆；4—调节阀；5—百分表

零点和量程应反复调整，直至两项均符合要求为止。然后再观察一下中间值，不超准确度要求，即联校毕，否则要进行非线性和变差校验。

2. 阀门定位器与气动薄膜阀

如果正作用的气动薄膜阀，来自调节器或输出式安全栅的 4～20mA 直流信号输入到转换组件中的线圈时，由于线圈两侧各有一块极性方向相同的永久磁铁，所以线圈产生的磁场与永久磁铁的恒定磁场，共同作用在线圈中间的可动铁心即阀杆上，使杠杆产生位移。当输入信号增加时，杠杆向下运动（作逆时针偏转），固定在杠杆上的挡板便靠近喷嘴，使放大器背压增高，经放大后输出气压也随之增高。此输出气压作用在调节阀的膜头上，使调节阀的阀杆向下运动。阀杆的位移通过拉杆转换为反馈轴和反馈压板的角位移，并通过调量程支点作用于反馈弹簧上，该弹簧被拉伸，产生一个反馈力矩，使杠杆作顺时针偏转，当反馈力矩和电磁力矩相平衡时，阀杆就稳定于某一位置，从而实现了阀杆位移与输入信号电流成正比的关系。调整调量程支点于适当位置，可以满足调节阀不同杆行程的要求。

3. 阀门定位器为气动控制阀组件

实现接收控制信号准确定位阀门行程位置的作用，气动控制阀调校时，校验 5 点即 4mA、8mA、12mA、16mA 和 20mA，在 12mA 时定位器反馈杆处于水平位置，其他几组信号时阀门位置应分别在 0、25%、50%、75%、100% 的行程处，且反馈杆的转动角度小于 ±45°，对于零点和满度的偏差可单独调整相应螺钉进行修正，正常情况下如果阀门行程和给定信号对应则表示标定完成。

思 考 题

(1) 气动薄膜调节阀的气开与气闭应如何选择？
(2) 阀门定位器的作用是什么？
(3) 阀门定位器与气动薄膜阀联校时，应注意什么？
(4) 气动薄膜调节阀非线性偏差校验的意义是什么？

实训任务八　涡轮流量计的安装与调试

一、实训目的

(1) 了解涡轮流量计的工作原理；
(2) 掌握涡轮流量计正确的安装和接线方法；
(3) 掌握涡轮流量计调试技能。

二、涡轮流量计工作原理

涡轮流量计主要由传感器、变送器、显示仪表组成，如图 3-8-1 所示。

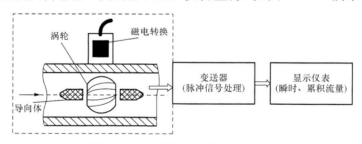

图 3-8-1　涡轮流量计的组成部件

1. 涡轮流量计

涡轮流量计是应用流体的动量矩原理制成的。涡轮一般是由导磁的不锈钢材料制成，装有数片螺旋形叶片，当被测流体通过涡轮流量计的传感器时，冲击涡轮叶片，使涡轮转动，在一定的流量范围内及一定的流体条件下，涡轮转速与流体流量成正比，故通过测涡轮的转速就可获得流体流量。

2. 简单的流量公式

$$V = N/\xi \qquad (3-8-1)$$

式中：V 为流体的体积流量；N 为检测到的脉冲数；ξ 为仪表常数。

其中，ξ 的含义是单位体积流量（1/s）通过流量计时检测到的脉冲数，它是测量范围内涡轮流量计转换系数的平均值，该系数与流量计结构、流体性质、流动状态有关。实训表明：当流体流量相当大（进入流量计工作区域）时，流体流量与涡轮转速近似为线性关系。这就决定了涡轮流量计要求有最小流量值，该值与流体的密度成平方根关系，因此，涡轮流量计对密度大的流体灵敏性较好。

三、涡轮流量计调试

1. 涡轮流量计的两线制接法

图 3-8-2 所示为涡轮流量计两线制接线图。具体的接线为：将接线端子排上的"24V＋"接到流量计的"＋"，流量计的"－"接到 250Ω 精密电阻的一端，精密电阻的另外一端接到"24V－"端，精密电阻的两端接至智能调节仪的"1，2"端（注意：精密电阻接直流 24V－的一端接智能调节仪的"2"端，另外一端接"1"端）。

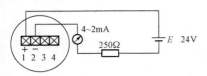

图 3-8-2　涡轮流量计两线制接线

2. 涡轮流量计的调试

采用容积法对涡轮流量计进行校验时，标准容积法所使用的计量容器是经过精细分度的量具，虽然其准确度很高，但容量十分有限，调试装置使用液位水箱作为计量桶，本液位水箱的截面积经过了精密计量桶的标定。校验时，水泵不断的从储水箱向液位水箱抽水，流经流量计和电动调节阀，然后从液位水箱读出一定时间内进入水箱的液体体积，将由此决定的体积流量值作为标准值，与被校流量计的测量值相比较，实现对涡轮流量计的校验。

3. 校验方法

校验方法分为动态校验法和停止校验法两种：动态校验法是让液体以一定的流量流入标准容器，读出在一定时间间隔内标准容器内液面上升量，或者读出液面上升一定高度所需时间；停止校验法是控制停止阀或切换机构让一定体积的液体进入标准容器，测定开始流入到停止流入时间间隔。

4. 调试步骤

采用动态校验法进行流量的校验，当泵流经涡轮流量计和电动调节阀而将流量稳定后，关闭液位水箱出水阀门，读出液位从某一时刻上升至另一时刻所需要的时间即可。

（1）调校前将储水箱中储存水量，一般接近储水箱容积的 4/5，然后将上水阀全部打开，其余手动阀门关闭。

（2）将"涡轮流量计"的输出对应接至智能调节仪的"1~5V 输入"端，将智能调节仪的"4~20mA 输出"端对应接至"电动调节阀"的控制信号输入端，将所有仪表上电。

（3）手动控制电动调节阀开度到 20% 左右，打开离心泵电源，给液位水箱供水，控制液位水箱出水阀，最终使液位稳定，观察并记录下此时稳定的液位高度 h_1 和电磁流量计的瞬时流量值 q_v；

（4）将水箱的出水阀关闭，同时打开秒表记时，在液位达到 30cm 的瞬间，关闭进水阀和离心泵，停止记时，观察并记录此时的实际液位高度 h_2 和秒表显示的时间 t。

5. 流量计算

$$V = S \cdot \Delta h \quad \Delta h = h_2 - h_1 \tag{3-8-2}$$

（1）S 为水箱截面积，其大小为 0.042475m²。

可知校验瞬时流量值

$$q'_V = \frac{V}{t} \tag{3-8-3}$$

（2）将校验流量值与电磁流量计瞬时流量值进行比较，求出电磁流量计的准确度

$$|q'_V - q_V|/1200 \ h^{-1} \tag{3-8-4}$$

（3）将电动调节法的开度设置为 30%、40%、50%、60%、70%、80%，分别计算电磁流量计在不同流量范围内的准确度等级。

四、实训报告要求

（1）画出涡轮流量计两线制线路接法。

（2）写出涡轮流量计的工作原理。

（3）采用容积法对涡轮流量计进行校验步骤。

（4）根据多组测试数据，计算出校验流量值。

思　考　题

（1）分析涡轮流量计介质的不同会对流量计测量有什么影响？

（2）简述动态校验法和停止校验法的特点与区别在哪？

（3）校验流量变送器还有哪些方法？

实训任务九　电动调节阀的调校

一、实训目的

（1）了解电动调节阀的工作原理；

（2）掌握电动调节阀正确的安装和接线方法；

（3）会电动调节阀的调校。

二、校验接线端子

1. 接线端子

20	19	39	36	35	34	70	71	72	73

电源

（1）电源端子：19、20 端子（交流 220V）。

（2）信号输入端子：

1）输入信号端：70（＋）、71（一）；

2）输出信号端：72（＋）、73（一）。

2. 手/自动切换接线（见图 3-9-1）

常开状态为自动（39 公共端）；39 与 34 闭合为手动。

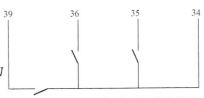

图 3-9-1　手/自动切换接线

3. 手动状态触点位置

39 与 34 闭合时：39 与 36 在闭合状态（正转）；

39 与 35 在闭合状态（反转）。

三、零点、量程与灵敏度调整

1. 调平衡

调平衡（即调零）出厂时已调好，一般无需调整。

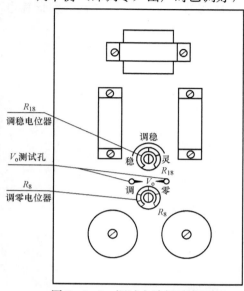

图 3-9-2　调试电路板示意图

（1）分别调整 I_c 和 I_f，使两输入信号相等（推荐在输入信号量程的 20％。50％点调平衡）。

（2）用数字式电压表从伺服放大器电路板上的"调零"测试孔上测量前置级的输出电压 V_o（见图 3-9-2）。

（3）调整调零电位器 R_o，使 V_o 的值为数毫伏即可。

2. 调死区

（1）保持调平衡时的 I_f、R_{18} 不变，改变 I_c，使 I_c 增加（或减少）0.15～0.2mA。

（2）调整调死区电位器 R_{18} 至 H1 或 H2 刚好亮（若 I_c 是增加，则 H1 亮；若 I_c 是减少的，则 H2 亮）。

（3）改变 I_c，H1、H2 应交替亮（但不应有同时亮现象）。

3. 断信号保护检查

调整 I_c 和 I_f 使 H1 或 H2 亮，然后分别断开 S1 和 S2，H1 和 H2 均应熄灭。

4. 接入系统调试

经以上模拟调试，如无异常情况，可将伺服放大器接入系统使用。

当伺服放大器接入系统后，若执行机构的阻尼特性不符合要求，在确定执行机构制动部件及位置发送器输出信号正常的情况下，可将伺服放大器调稳电位器 R_{18} 向"稳"方向作少量调整。

5. 注意事项

（1）伺服放大器应在符合规定要求的环境中使用，并定期检查和调整。

（2）伺服放大器的输入回路中，串联有二极管，因此，输入信号极性必须正确，不得接反。

（3）伺服放大器输入信号分 0～10mA 和 4～20mA 两种，两者不能通用。

四、电动执行机构调试

（1）电动执行机构送电前，先用 500V 绝缘电阻表测量电动执行机构控制回路和电机绝缘应合格（大于等于 1MΩ），然后用万用表测量电机的三相绕组电阻是否一致，并用万用表检查限位开关、转矩开关、开按钮、关按钮等配接线是否正确，确认无错误后手动对电动门做一次全行程往复走动，确保行程开关正常动作后，接上电源并把开关打到试验位，进行回路试动作，检查开、关行程开关及开、关、停按钮动作时回路是否正确动作。

（2）电机试动。将电动门手动摇到中间位置，按动开、关按钮后马上按停止按钮，同时观察电动门开关方向，若开、关方向与所按按钮一致，表示电机旋转方向正确；若反方向则应调换电机端子盒或接线盒中的两根电源接线。

（3）限位开关设定。电动将阀门关到即将关闭位置，然后手动将阀门摇到完全关闭，再向回转 1~2 圈，用螺丝刀调整至关限位开关刚好动作，用万用表测量限位开关输出接点信号正确；开限位开关设定方法同上。

（4）转矩开关设定。转矩开关已由厂家设定好，不需要调整，可用测试旋钮测试。当电机旋转时，用螺丝刀调整测试旋钮，如果控制电机的接触器失电，则控制电路是正确的，如果不失电，应立即切断电源，检查控制回路改正配线。

（5）电动调整门限位开关、转矩开关调整方法和步骤同上。限位开关、转矩开关调整完后，观察阀门开关方向和开度指示，同时将万用表串入反馈信号回路，调整微调旋钮，阀门开度就地指示和反馈信号一致为止。

（6）电动执行机构就地调试完成后，做一次全行程开关动作，同时用秒表测量全行程开关动作时间，并作好调试记录。实训数据填入表 3-9-1 中。

表 3-9-1　　　　　　　　　　　实 训 数 据 记 录 表

输入	输入信号刻度分值		0%	25%	50%	75%	100%
	输入信号						
输出	输出信号标准值						
	实测值	正行程					
		反行程					
误差	实测值	正行程					
		反行程					
	实测变差						
	实测基本误差						
	最大变差		结论：				
	实测准确度等级						

五、实训报告要求

（1）画出电动执行器调校接线图。

（2）电动执行机构调试步骤。

（3）根据调试数据，计算出现准确度。

思　考　题

（1）分析电动执行机构直行程与角行程区别是什么？

（2）伺服放大器作用是什么？

（3）直行程执行机构与角行程执行机构的工作用途？

实训任务十　射频导纳物位计调校

一、实训目的

（1）了解射频导纳物位计调校的工作原理。

（2）掌握射频导纳物位计调校的安装和接线方法。

（3）学会射频导纳物位计的调校。

二、测量原理

　　射频导纳测量技术是由电容式测量技术发展起来的。射频即输出一个高频正强波信号，用于测量待测容器中传感电极与金属客器壁之间的导纳。采用射频导纳测量技术优于电容式测量技术，是由于它不但测量电容同时也测量电阻。对于一个导电液体粘附在传感电极上的挂料层，将使测量的电容增大，这不是物位的真实电容。挂料只是很薄的一层，其横载面远远小于物料的横载面，因此物料的电阻很小，而挂料的电阻却很大。从电工学角度看，传感器电极被挂料复盖的部分相当于一条由无数个无穷小的电容和电阻组成的传输线，根据电工学理论，如果挂料足够长，则挂料容抗与电阻相等。应用相敏检波电路可以测得电容值与电阻值。

　　由于测得总电容为物位与挂料电容之和，而挂料的容抗在数值上等于阻值。因而可以得到当前物位值。这样采用射频导纳技术可有效解决传感电极根部的挂料问题，从而提高测量准确度。

三、性能指标与外形尺寸（见图3-10-1）

供电：DC24V，功耗<1.6W。

显示：带背光液晶显示。

变送输出：4～20mA(DC)或1～5V(DC)。

报警方式：2个独立报警继电器，各带一个常开触点，可任意设置下限报警或上限报警，回差值可设置。

测量范围：0～3000pF。

分辨率：≤0.2pF。

测量精度：±1%。

通信：485或232。

四、仪表参数设置

　　上电后逆时针旋开前盖，按"SET"键约3s，右下方液晶显示器将显示"CLK"表示仪表进入密码设置，当密码设置为"132"时为一级密码，可对部分参数进行设置；当密码设置为"1879"时为二级密码，可对所有参数进行设置。当按下"▲"键，使设置值递增，按

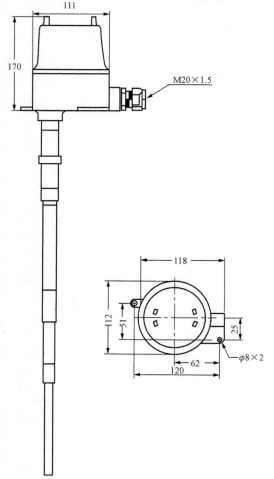

图3-10-1　外形尺寸

"▼"键使设置递减，若密码正确点动"SET"键可进入下一个参数项的设置，点动"RST"键可回到上一个参数的设置。

（1）仪表一级密码参数设置见表 3 - 10 - 1：当密码为"132"或"1879"时方可设置。

表 3 - 10 - 1　　　　　　　　　　　　一 级 密 码 参 数 设 置

设定参数	名称	设定范围	说明	出厂预定值
SL0	小数点位置	SL0＝0	不显示小数点	
		SL0＝1	显示一位小数点	
		SL0＝2	显示二位小数点	
		SL0＝3	显示三位小数点	
SL1	报警一的方式	SL1＝0	不报警	
		SL1＝1	下限报警	
		SL1＝2	上限报警	
SL2	报警二的方式	SL2＝0	不报警	
		SL2＝1	下限报警	
		SL2＝2	上限报警	
SL3	滤波强弱	SL3＝0	滤波作用弱	
		SL3＝1	滤波作用中等	
		SL3＝2	滤波作用强	
ALM1	第一报警值设置			
AH1	第一报警回差值设置			
ALM2	第二报警值设置			
AH2	第一报警回差值设置			
SLL	设置仪表下限值		当仪表处在正常运行状态时，物位显示下限值时，变送输出4mA电流	
SLH	设置仪表上限值		当仪表处在正常运行状态时，物位显示上限值时，变送输出20mA电流	
L0	现场标定物位低点位置		标定后该点的位置及对应的物位电容记忆在E2ROM中	
H1	现场标定物位高点位置		标定后该点的位置及对应的物位电容记忆在E2ROM中	
BOT	波特率选择		共五种，分别为300，600，1200，2400，4800，9600	
dE	仪表设备号设置		用户对该仪表的设备号进行设置（0—255）	
Pb0	显示值零点迁移			0
KK0	显示值放大倍数			1.000
Pb1	变送输出零点迁移			0
KK1	变送输出放大倍数			1.000

（2）仪表二级密码参数设置见表 3-10-2，仅密码设为"1897"时方可设置。

表 3-10-2　　　　　　　　　　　　仪表二级密码参数设置

| OU04 | 标定变送输出 | 标定变送输出 4mA 时，对应的 D/A 值 | |
| OUT20 | 标定变送输出 | 标定变送输出 20mA 时，对应的 D/A 值 | |

参数设置完成后，再按"RST"键约 3s 后，右下方液晶显示"CF-1"表示已退出设置状态，进入运行状态。

仪表安装完毕后，用户可根据需要更改以上参数，后 6 个参数厂家已设置好，一般情况用户不要随意更改。

参数"L0"及参数"H1"设定要求用户必须现场标定物位的低点和高点位置，标定后这两点的位置及对应的电容值保存在 EEROM 中，标定后仪表才能正确显示物位。现将如何标定这两个参数作如下说明。仪表进入设置状态后，将密码"CLK"设为"132"后点动"SET"键使液晶右下方显示"L0"，表示对物位进行低点标定，若用户确定要对其进行标定，应将物位降低到略高于测量电极的底部。点动"▲"或"▼"液晶显示"————"提示用户是否进行该项标定，（这时设置值仍保持原来值）若用户再按"▲"或"▼"键，设置值将改变，用户可根据当前的物位，输入所对应的高度，右下方液晶显示该点物位所对应的电容测量值（单位为 pF）。确认所输入的高度与当前实际物位高度一致后可点动"SET"键，该参数即标定完毕，右下方液晶显示"H1"表示对物位进行高点标定，若用户确定要对该参数进行标定，必须将物位上升到略低于测量电极的顶部，点动"▲"或"▼"键，液晶显示"————"提示用户是否进行该项标定（这时设置值仍保持原来值）若用户再按"▲"或"▼"键，设置值将改变，用户应根据当前的物位输入所对应的高度值，右下方液晶显示该点物位所对应的电容测量值（单位为 pF）。确认所输入的高度与当前实际物位高度一致后可点动"SET"键，该参数即标定完毕。

低点与高点标定可任选测量范围内两点位置上，但应接近测量范围的低端与高端两点，这样标定后的误差较小，当用户设置完所有参数后，应将"CLK"更改为非 132 或 1879 的任意值后按"SET"键约 3s 退出设置状态仪表即可正常工作。

（3）接线端子，如图 3-10-2 所示。

射频导纳物位计必须在金属容器壁引一根导线接仪表外壳标有"⏚"的端子，图 3-10-3 为仪表安装图。若仪表的外壳已与金属容器壁相连，该导线可以不接。

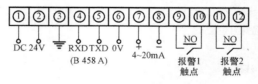

图 3-10-2　接线端子图

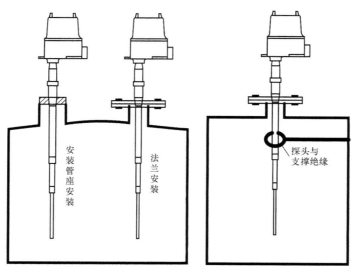

图 3 - 10 - 3　仪表安装方式

思　考　题

（1）分析射频导纳物位计的应用场合？
（2）射频导纳测量原理是什么？
（3）射频导纳物位计的如何安装与并进行参数设置？

项目四 智能仪表参数设置与调校

实训任务一 智能调节器的认识和调校

一、实训目的

（1）熟悉智能调节器的外型结构，掌握智能调节器的操作方法，从而进一步理解调节器的工作原理及整机特性。

（2）熟悉智能调节器的功能，了解智能调节器各可调部件的位置及作用。

（3）掌握智能调节器主要性能的调校、测试方法。

二、实训装置

1. 实训所需仪器、设备

（1）智能调节器（见图4-1-1），1台；

（2）直流信号发生器，3台；

（3）标准电流表，3台（可不用）；

（4）数字电压表，4台；

（5）直流稳压电源，1只；

（6）标准电阻箱，2只。

图4-1-1 智能调节器外形图

2. 实训装置连接图

实训装置连接如图4-1-2所示，各端子作用详见产品说明书。

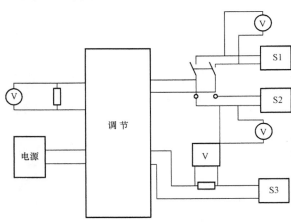

图4-1-2 智能调节器调校接线图

V—标准电压表；S1、S2、S3—信号发生器

三、实训指导

1. 实训原理

智能调节器的主要功能是接收变送器来的测量信号，并将它与给定信号进行比较得出偏差，对偏差进行PID连续运算。通过改变P、I、D参数改变调节器控制作用的强弱。除此之外，智能调节器还具有测量信号、给定信号及输出信号的指示功能；手动/自动双向切换功能；软、硬手操等功能。因此，在对调节器进行调校时，首先必须对调节器面板上的三个指示表头（测量、给定指示表及输出指示表）的刻度进行调校，其次还要对调节器的P、I、D刻度进行调校，另外对调节器的手操特性、自动/手动切换特性也要进行调校。

2. 实训连接图

图4-1-2中，S3提供4~20mA的电流，可对给定信号、给定指示刻度进行调校；S1提供1~5V的测量信号，对测量指示刻度进行调校；输出电流指示表的调校是利用软手操扳键产生调校信号，通过观察输出回路的标准电流表的读数，从而实现其刻度调校的。

P、I、D 的调校，通过调节测量输入信号发生器 S2 使输入发生变化，产生调节器的偏差输入，观察调节器的输出电压的变化情况，从而实现对比例度、积分时间、微分时间的刻度调校。

四、实训内容与步骤

1. 准备工作

按实际设备的端子连接调节器，熟悉调节器的外型、正面板布置。观察侧盘各可调部件的位置，测量、给定指示表的调零螺钉和量程调整电位器的位置，测量/标定切换开关及标定电压调整电位器的位置；比例度旋钮、积分时间旋钮、微分时间旋钮、正/反作用开关、内/外给定开关的位置，积分电容、微分电容、2%跟踪电位器、500%跟踪电位器的位置。

2. 一般检查

(1) 仪表通电后先拨动自动/手动切换开关，置于"软手动"或"硬手动"位置，操作软手动扳键或硬手动拨杆，观察调节器输出指示表应该随之变化，否则说明仪表有故障。

(2) 把内/外给定开关拨至"内给定"，然后再操作给定拨轮，观察给定指针应随着变化，否则说明仪表有故障。

(3) 将调节器侧面"测量/标定"开关拨至"标定"位置，观察调节器正面测量、给定指针是否同时指向 50%刻度值附近，否则说明仪表有故障。

3. 调节器面板指示表的调校

(1) 测量指示表的调校。

各切换开关置于相应的位置：软手动、外给定、测量、正作用、任意比例度、积分时间最大、微分时间最小、线路开关 K—a。

调节信号发生器 S1，缓慢增加测量信号，使测量指针依次对准量程的 0%、25%、50%、75%、100%刻度线，此时测量输入回路数字电压表读数应该分别为 1V、2V、3V、4V 和 5V。先依次读取正行程时电压表的实际读数，然后缓慢减小测量信号，用相同的方法依次读取反行程时数字电压表的实际读数，并记录之，填入表中。若误差超过允许值，则输入 1V 信号，调节指示单元板上相应的"零点电位器"（或机械零点），使测量指针指在 0%，再输入 5V 信号，调节相应的"量程电位器"，使测量指针指在 100%，直到合格为止。

(2) 给定指示表的调校。

各切换开关的位置与指示表调校位置相同。调信号发生器 S2，用上述相同的方法进行给定指示表的调校，将实训结果填入表中。若误差超过允许值，则反复调整指示单元板上相应的"零点电位器"（或机械零点）、"量程电位器"，直到合格为止。

(3) 输出指示表的调校。

将切换开关置于"硬手动"，其余同测量指示表的调校位置相同。

操作硬手动拨杆使输出指针缓慢地停在 0%、25%、50%、75%、100%刻度线上，输出电压应分别为 1V、2V、3V、4V 和 5V，在调节输出回路的数字电压表上读取实际电压值并记录。若是误差超过允许值，则取下辅助单元的盖板，调整相应的"零点电位器"和"量程电位器"（一般不允许轻易调整）。

4. 智能调节器 PID 参数刻度调校

(1) 比例度的刻度调校。

K—a 调校，接通 S1 并将调节器各开关分别置于正作用、外给定、软手动、测量；PID

参数各旋钮的位置分别置于微分关断、积分最大，使调节器处于纯比例状态。比例度调校点为 25%、100%、200% 三点。

操作软手操拨杆，使调节器输出信号稳定在量程的 0% 位置（V_o 为 1V），调节信号发生器 S1 和 S3，使测量和外给定信号均稳定在 1V，使偏差为 0。实训中对每个比例度调校点的调校，都要从这种状态开始。

调校 $\delta \leqslant 100\%$ 刻度：把比例度盘拨至 25% 刻度位置，切换开关由软手动拨向自动，再调整测量信号（即调整调节器的偏差），使调节器的输出信号变化全量程的 100%（V_o 从 1V 到 5V），记下此时输入信号的变化量和输出信号的变化量并填入实训记录表，再求出实际比例度为比例度误差。

（2）用同样的方法调校 δ 为 100% 刻度。

调校 $\delta > 100\%$ 刻度：将比例度拨盘拨到 200% 刻度位置，调整测量信号，使输入信号变化全量程的 100%（V_I 由 1V 变化到 5V），观察调节器输出信号的数值 V_o，记下此时输入信号的变化量和输出信号的变化量，同时求出实际比例度和比例度误差。若误差超过允许值，则调整比例度刻度盘旋钮的初始值直到合格为止。

最后将比例度 δ 的刻度调整到实际的 100% 位置，此位置是指在改变测量信号，使其在全量程（0%~100%）之间变化时，输出信号也在全量程（0%~100%）之间变化，此时 δ 刻度盘所指的位置即为实际的 100%。

五、仪表调校记录（见表 4-1-1~表 4-1-3）

表 4-1-1　　　　　　　　　　实训用主要仪器、设备技术参数一览表

项目	被校仪表	标准仪器		
名称				
型号				
规格				
准确度				
数量				
制造厂				
出厂日期				

表 4-1-2　　　　　　　　　　调节器正面板指示表的调校记录表

项目	被校表示值刻度		0%	25%	50%	75%	100%
测量指示表	标准测量值						
	实际测量值 V_I	正行程					
		反行程					
	实际误差	正行程					
		反行程					
	正、反行程差值						
	实际基本误差（%）			被校表允许基本误差（%）			
	实测变差（%）			被校表允许变差（%）			

续表

项目	被校表示值刻度		0%	25%	50%	75%	100%
给定指示表	标准给定值						
	实际给定值 V_s	正行程					
		反行程					
	实际误差	正行程					
		反行程					
	正、反行程差值						
	实际基本误差（%）			被校表允许基本误差（%）			
	实测变差（%）			被校表允许变差（%）			
输出指示表	标准输出值 V_o						
	实际输出值 V_o	正行程					
		反行程					
	实际误差	正行程					
		反行程					
	正、反行程差值						
	实际基本误差（%）			被校表允许基本误差（%）			
	实测变差（%）			被校表允许变差（%）			

表 4 - 1 - 3 比例度调校记录表

比例度 $\delta/\%$				
刻度值	输入变化量	输出变化量	实测比例度	比例度误差
25				
100				
200				

六、数据处理

（1）数据处理时应注意的问题。

1）实训前拟好实训记录表格。

2）实训时一定要等现象稳定后再读数、记录，否则因滞后现象会给实训结果带来较大的误差。

（2）运用正确的公式进行误差运算。

（3）整理实训数据并将结果填入表格。

（4）根据实际调节器的端子图，画出实训时的接线图（与端子对应）。

思 考 题

（1）调节器的手操功能是通过调节器的控制单元来进行的，因此当调节器的比例微分电路发生故障时，手操功能也跟着失灵。这句话对吗？为什么？

（2）调节器从手动拨向自动时，要注意什么问题？为什么？

（3）调节器的种类很多，它们的作用及调校方法相同吗？

实训任务二　智能开方积算器的认识和调校

一、实训目的

（1）通过实训了解智能开方积算器的结构，理解其工作原理及整机特性。

（2）掌握智能开方积算器的调校方法和仪表使用方法。

（3）通过实训进一步理解开方积算器的小信号切除原理及掌握切除点调整方法。

二、实训装置

1. 实训所需仪器设备

（1）智能开方积算器（见图 4-2-1），1 台；

（2）调校信号发生器，1 台；

（3）数字电压表，2 台；

（4）直流稳压电源，1 只。

2. 实训装置连接图

智能开方积算器的连接如图 4-2-2 所示，各端子作用详见产品说明书。

图 4-2-1　智能开方积算器

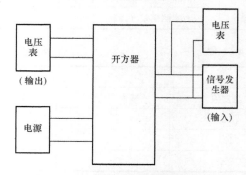

图 4-2-2　智能开方积算器的接线图

三、实训原理

　　智能开方积算器的作用是对 $1\sim5V$ 输入电压 V_i 信号进行开方运算，运算结果仍以 $1\sim5V$ 的直流电压信号 V_o 输出或 $4\sim20mA$ 直流 I_o 输出。它需与节流装置、差压变送器配合使用，使开方器的输出电压 V_o 与流量呈线性关系，从而实现对流量信号的检测。其输入输出关系为

$$V_o = 2\sqrt{V_i - 1} + 1$$

　　调校原理就是在仪表的输入端用直流信号发生器输入一定的标准电压信号 V_i，同时，观察开方器输出电压信号 V_o 的大小，并将所测值与该调校点的标准值相比较，算出误差。如不符合要求，再重新调整或分析故障原因。

四、实训内容与调校方法

（1）按图 4-2-2 接好线。

（2）起振点调整，如果量程已调好，但各点的误差仍然超过±0.5%，则改变输入电压信号使 V_i 为 1%，调整起振点电位器，使输出电压 V_o 为 10%（1.4V）。

（3）小信号切除调整，先将小信号切除电位器逆时针旋到底，调节信号发生器使输入电压信号 $V_i=1.028V$（0.7%），此时输出电压值约为 1.33V，再沿顺时针方向慢慢转动电位器，反复多次调整，直到输出电压突变到 1V 为止。

（4）基本误差测试，根据Ⅲ型开方器基本运算式 $V_o=2\sqrt{V_i-1}+1$，分别算出输出信号为 V_o 的 10%、25%、50%、75%、100% 所对应的输入信号 V_i 应为 1.04V、1.25V、2.00V、3.25V、5.00V。调节信号发生器使输入电压信号 V_i 应为 1.04V、1.25V、2.00V、3.25V 和 5.00V，同时读取输出电压信号 V_o 对应各调校点的正行程值和反行程值。填入实训数据记录表并求出开方器的实际基本误差和变差，若超出允许误差，应重新调整。

五、仪表调校记录表（见表 4 - 2 - 1 和表 4 - 2 - 2）

表 4 - 2 - 1　　　　　　　　　实训用主要仪器、设备技术参数一览表

项目	被校仪表	标准仪器		
名称				
型号				
规格				
准确度				
数量				
制造厂				
出厂日期				

表 4 - 2 - 2　　　　　　　　　开方积算器基本误差测试记录表

		输入信号 V_i 调校点	1.04V	1.25V	2.0V	3.25V	5.0V
输出		输出信号刻度	10%	25%	50%	75%	100%
		输出信号标准值					
	实际测量 V_o	正行程					
		反行程					
误差	实际误差	正行程					
		反行程					
	正、反行程差值						
	实际基本误差（%）		被校表允许基本误差（%）				
	实测变差（%）		被校表允许变差（%）				
	仪表准确度等级						

六、数据处理

（1）数据处理时应注意的问题。

1）实训前拟好实训记录表格。

2）实训时一定要等现象稳定后再读数、记录，否则因滞后现象会给实训结果带来较大误差。

（2）运用正确的公式进行误差运算，整理实训数据并将结果填入表格。

（3）根据实际开方积算器的端子图，画出实训时的接线图（与端子对应）。

（4）作出实测开方积算器的输入 V_i 与输出 V_o 特性曲线。

思　考　题

（1）开方积算器的放大倍数随着输入信号的减小会作怎样的变化？

（2）开方积算器为什么要设置小信号切除电路？

（3）开方积算器一般在什么场合使用？

实训任务三　安全栅的认识和调校

一、实训目的

（1）通过实训了解隔离式安全栅（见图 4-3-1）的结构及各组成部分，以加深理解安全栅的作用及其原理。

（2）掌握隔离式安全栅的调校方法和使用方法。

（3）掌握检测端（输入端）与操作端（输出端）安全栅的选择及区分。

图 4-3-1　安全栅的外形图

二、实训装置

（一）实训所需仪器、设备

（1）检测端、操作端安全栅，1 台；

（2）直流信号发生器，1 台；

（3）标准电流表，2 只；

（4）直流数字电压表，1 只；

（5）标准电阻箱，1 只；

（6）直流稳压电源，1 只。

（二）实训装置连接图

检测端安全栅及操作端安全栅连接如图 4-3-1、图 4-3-2 所示，各端子作用详见产品说明书。

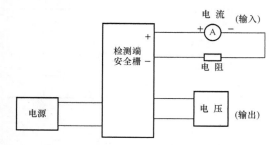

图 4-3-2　检测端安全栅的调校接线图

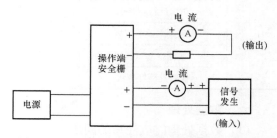

图 4-3-3　检测、操作端安全栅的调校接线图

三、实训原理

安全栅作为控制室仪表及装置与现场仪表的关联设备，一方面是起信号传输的作用，另一方面阻止可能产生爆炸危险的能量从非本安回路传递到本安回路，同时，检测端安全栅还可为现场仪表提供电源。

对检测端安全栅的调校（见图 4-3-2），因为在其输入端存在 24V（DC），因此不能直接用有源信号对输入端发送 4~20mA 信号。因此，需将标准电阻箱 R_i 作为一个无源信号源（模拟现场两线制变送器），通过调整电阻箱 R_i，可在安全栅的输入端产生 4~20mA 的直流电流信号，再通过观察输出端的数字电压表的读数 V_o 就可实现对检测端安全栅的调校。

对操作端安全栅的调校（见图 4-3-3），利用有源信号产生 4~20mA 的直流电流，来模拟调节器的输出信号。通过观察输出端的标准电流表的读数，就可实现对操作端安全栅的调校。

由于安全栅是属本安型仪表，因此仪表背面上侧接线端子板为本安回路接线端子，下侧端子板为非本安回路接线端子，如图 4-3-4 所示。

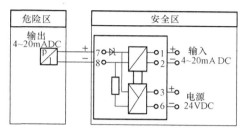

图 4-3-4　安全栅接线图

四、实训内容与调校方法

1. 检测端安全栅的调校

（1）按图 4-3-2 所示连接检测端安全栅。

（2）零点、满量程的调校。首先调节电阻箱 R_i 为 6kΩ，使输入电流 I 为 4mA，此时输出电压应为 1V，否则，应调整零点电位器，然后再调节电阻箱 R_i 为 1.2kΩ，使输入电流为 20mA，此时输出电压应为 5V。否则应调整量程电位器。上述步骤反复调整，直到满足要求为止。

（3）准确度调校。缓慢调节电阻箱 R_i，使之从 6kΩ 变到 1.2kΩ，使输入电流 I 分别为全量程的 0%、25%、50%、75%、100%，即输入电流分别为 4mA、8mA、12mA、16mA 和 20mA。同时用数字电压表测量电压输出端的对应的输出电压值 V_o，记录下实测数据填入表格，并根据误差公式算出实测基本误差。若超差，则应重新调节或分析误差原因。

2. 操作端安全栅的调校

（1）按图 4-3-3 所示连接操作端安全栅。

（2）零点、满量程的调校。首先，调节信号发生器，使输入电流 I 为 4mA，此时，输出电流应为 4mA，否则应调整零点电位器，然后再调节信号发生器，使输入电流为 20mA，此时输出电流应为 20mA，否则应调整量程电位器。

上述步骤反复调整，直到满足要求为止。

（3）准确度调校。调节信号发生器，使输入电流分别为 0%、25%、50%、75%、100%，即输入电流分别为 4mA、8mA、12mA、16mA 和 20mA。同时用标准电流表测量电流输出端对应的输出电流 I_o，并记录下实测数据，填入表格。根据基本误差公式算出被校表的实测基本误差，若超差，则应重新调整或分析误差原因。

五、仪表调校记录表（见表4-3-1、表4-3-2和表4-3-3）

表4-3-1　　　　　实训用主要仪器、设备技术参数一览表

项目	被校仪表	标准仪器		
名称				
型号				
规格				
准确度				
数量				
制造厂				
出厂日期				

表4-3-2　　　　　检测端安全栅实训记录表

输入	输入信号刻度分值	0%	25%	50%	75%	100%
	输入信号标准值					
输出	标准输出信号					
	实测输出信号					
误差	实测相对误差（%）					
	实测允许误差（%）	仪表允许基本误差（%）				
	实测仪表准确度等级					
	最高开路电压（mV）	最大短路电流（mA）				

表4-3-3　　　　　操作端安全栅实训记录表

输入	输入信号刻度分值	0%	25%	50%	75%	100%
	输入信号标准值					
输出	标准输出信号					
	实测输出信号					
误差	实测相对误差（%）					
	实测允许误差（%）	仪表允许基本误差（%）				
	实测仪表准确度等级					
	最高开路电压（mV）	最大短路电流（mA）				

六、数据处理

（1）训练时一定要等现象稳定后再读数、记录、否则会给训练结果带来较大误差。

（2）运用正确的公式进行误差运算。

（3）整理实训数据并将结果填入表格。

（4）根据实际安全栅的端子图，画出实训时的接线图（与端子对应）。

（5）作出实测安全栅的输入与输出特性曲线（分别作出检测端与操作端曲线）。

思　考　题

（1）安全栅有哪几种型式？主要起什么作用？

（2）试比较检测端安全与操作端安全栅在功能上有什么异同点？

（3）在什么场合需要使用安全栅？安全栅应该如何安装？

实训任务四　TFT真彩无纸记录仪的设置与调校

一、实训目的

（1）了解 TFT 真彩无纸记录仪的工作原理。

（2）掌握 TFT 真彩无纸记录仪的设置和接线方法。

（3）会 TFT 真彩无纸记录仪的调校。

二、测量概述

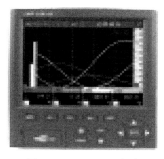

图 4-4-1　TFT真彩
无纸记录仪外形图

SWP-TSR 智能化 TFT 真彩色无纸记录仪（见图 4-4-1）可接受多达 12 路被测信号，最多输出 12 路继电器信号，6 路 24V（DC）馈电，可根据用户设定要求完成从信号采集、控制、记录、追忆到传送的全过程。

SWP-TSR 智能化 TFT 真彩无纸记录仪采用全拼输入法，内带二级汉字库，共有 6000 余个汉字，可对画面上名称进行在线设置。采用先进 USB 接口存储棒作外存储器，外形美观小巧，无机械可动部件，大大增强了仪表可靠性。

1. 主要特点

（1）多路输入、输出通道。

输入通道：全可切、全隔离信号最多 12 路；24V（DC）馈电输出通道：最多可达 6 路，继电器；输出通道：最多可达 4 路。

（2）多功能的显示画面。

采用 5.6in 高分辨率的 TFT 彩色液晶显示板，可集中显示中文菜单、输入通道号、测量计算数值、过程曲线、工程单位、百分比棒图、输出和报警状况、历史记录追忆等。

（3）便捷的操作界面。

便捷的中文菜单，可提示用户逐级完成参数设定；明确的中文信息，标识显示数据的工程涵义；丰富的图形画面，提供需要显示的参数组合；轻触式面板按键，方便用户进行各种的操作；内置二级汉字库，内置汉字全拼输入法，方便中文信息的标识。

（4）高容量的存储空间。

内置大容量存储器最多 192Mbit 存储空间，每个记录点保存测量间隔时间内数值最大值和最小值，即使是数值瞬间突变，也会记录在案。还可通过外置大容量 Flash 存储棒对数据进行备份。

（5）快速的通信速率。

设有标准双向串行通信接口，能以高达 57600bit/s 的速率与上位机或其他相关的设备进行数据交换。可选择 RS-232 或 RS-485 通信方式。

（6）强大的记录追忆功能。

可单步追忆；可自动连续（追忆速度分 20 挡可调）追忆；可按时间查询追忆；并可通过移动定位轴来查看历史数据及曲线。

（7）通过 SWP‑SPC2000 版工控组态软件，TSR 系列彩色无纸记录仪和其他仪表以 485 通信方式可方便地组成高性能、低价位工控系统。

2. 仪表工作原理

TSR 系列智能化彩色记录仪采用插卡组合式结构，由一块主机板与不同类型的扩展板组合成不同类型的记录仪，每台仪表最多可带两块扩展板。频率/开关量输入光电隔离 LCD 图形显示板微处理器光电隔离 A/D 转换器模拟量输入变送输出面板设定光电隔离光电隔离，光电隔离开关量、输出通信接口输出，如图 4‑4‑2 所示。

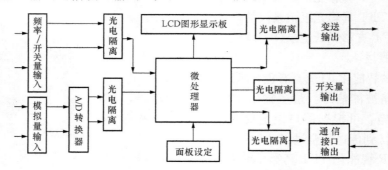

图 4‑4‑2　TFT 真彩无纸记录仪工作原图

3. 主要技术指标

（1）输入信号：模拟量；

　　输入：热电偶 B、S、K、E、T、J、W。

（2）热电阻：PT100、CU50。

（3）电压 0～5V、1～5V、0～100mV、0～20mV。

（4）电流 0～10mA、4～20mA。

（5）脉冲量输入：矩形波，正弦波或三角波。

（6）幅度≥4V；频率 0～15kHz。

（7）输出信号：模拟量；

　　输出：4～20mA（负载≤500Ω）、电压 0～5V（负载≥250kΩ）、1～5V（负载≥250kΩ）。

（8）开关量输出：继电器触点容量：220V/3A AC 或 24V/5A DC（阻性负载）。

（9）馈电输出：DC 24V/30mA　小信号切除 0～25.5%FS。

（10）准确度 0.5%FS±1 字　或　0.2% FS±1 字。

（11）测量范围：－1999～999999 字。

（12）显示方式：背光式大屏幕真彩液晶（LCD）图形显示板。显示内容可由汉字、西文、数字、过程曲线和光柱等组成，通过面板按键可完成画面翻页。

（13）参数设定：中文菜单提示，面板按键设定或上位机通过通信口设定，参数密码锁定。

（14）报警功能：每个通道最多可以设定四个报警点，每个报警点可选择上限或下限报警，可设置报警输出延时时间、报警回差、继电器触点输出（四个继电器可复用）和蜂鸣报警输出。还可设置外接报警音响触点和报警屏自动切换功能。每个通道保存最新的 16 条报警信息。

（15）安装仪表尺寸：144mm×144mm×240mm；安装：卡条式固定架。

（16）存储容量：最大存储空间为 192Mbit，数据记录时间长短与仪表通道数、存储容量、记录时间间隔有关。

三、仪表接线

1. 端子说明信号输入/输出端子符号（见表 4 - 4 - 1）

表 4 - 4 - 1　　　　　　　　　　　　信号输入/输出端子符号

输入/输出端子符号	内容
L、N、G	电源端子，G 为接地端
A、B、C	模拟量输入端子，共 12 路
P+、P—	DC24V 馈电输出端子，共 6 路，每路 30mA，用于变送器供电
J	继电器输出端子，共 12 路，继电器触点容量为 250VAC，3A

TFT 真彩无纸记录仪背面端子排列如图 4 - 4 - 3 所示；仪表背面端子作用如图 4 - 4 - 4 所示。

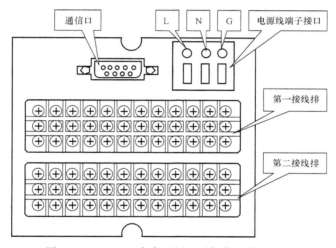

图 4 - 4 - 3　TFT 真彩无纸记录仪背面端子排列

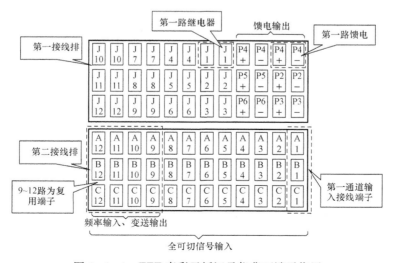

图 4 - 4 - 4　TFT 真彩无纸记录仪背面端子作用

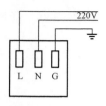

图 4-4-5　电源
线的连接

2. 接线说明

（1）电源线的连接。

1）将 L、N、G 端的螺钉逆时针旋松，将塑料绝缘三芯电源线插入标有 L、N、G 字母的方孔中，再将螺钉旋紧（G 为接地端），如图 4-4-5 所示。

2）正常之后，断掉电源，连接信号线。

（2）信号线的连接。

TFT 真彩无纸记录仪模拟量信号接线如图 4-4-6 所示，变送器接线如图 4-4-7、4-4-8 所示。

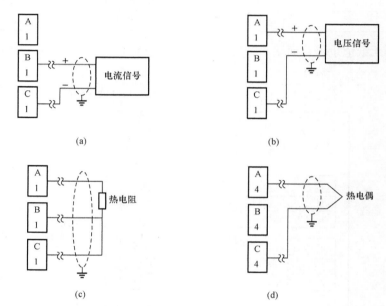

(a)　(b)　(c)　(d)

图 4-4-6　模拟量输入信号接线图

（a）电流信号输入；（b）电压信号输入；（c）热电阻信号输入；（d）热电偶信号输入

以下以第一路输入信号接线为例进行说明，其他各路接线类同：

1）将端子盖两侧轻轻扳开，取下端子盖；

2）接信号线时，为了方便安装请从下而上的连接；

3）将输入/输出信号线分别与相应的端子连接（连接端子时建议使用绝缘套筒）并旋紧螺钉；

4）请务必在断电时连接信号线；

5）接线完成后，盖上端子盖。

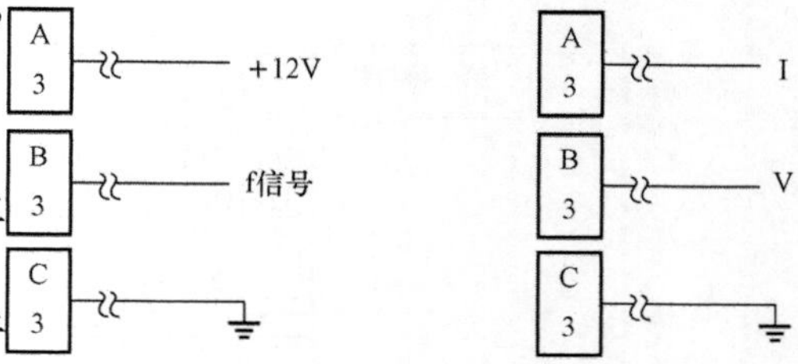

(a)　(b)

图 4-4-7　频率输入、变送输出接线图

（a）频率输出；（b）变送输出

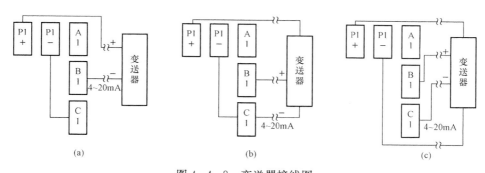

图 4-4-8　变送器接线图

（a）二线制变送器；（b）三线制变送器；（c）四线制变送器

注意：第二接线排的第 9～12 路为复用端子（全可切信号与频率输入、变送输出复用，但三者不能同时使用）。

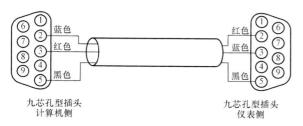

图 4-4-9　计算机与仪表间的通信线

（3）通信线的连接

1）RS-232C 通信线的连接：TFT 真彩无纸记录仪的 RS-232C 通信口位于仪表背面，它不仅可以和计算机之间进行数据交换，还可以和多种串行打印机等外设通信。

通信线应采用屏蔽双绞线制作，长度不可超过 10m，连线如图 4-4-9 所示。

2）RS-485 通信线的连接：当与计算机进行多台仪表的 RS-485 通信时，需要在仪表和计算机之间增加通信转换器，如图 4-4-10 所示。

四、操作步骤

1. 仪表上电

将电源线连接到仪表后侧的 N、L 端子，现场使用时 G 端子接地线。确认供电电源与仪表要求的电源电压一致（一般为 220V，特殊要求例外）。第一次上电时，建议不连接输入信号。连接电源后，系统进入开机画面，并进行初始化，按"ESC"键（或不按键，等待 3s），进入运行主画面，如图 4-4-11 所示。

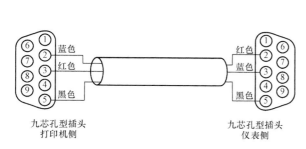

图 4-4-10　打印机与仪表间的通信线

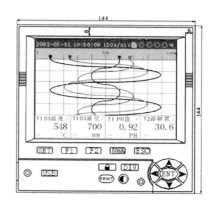

图 4-4-11　仪表上电

2. 按键操作

仪表的操作按键如图 4-4-12 所示，共有 14 个功能键。

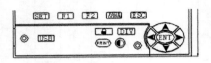

图 4-4-12　按键
操作

"↑"、"↓"键用于向前、向后移动光标。

"←"、"→"键用于修改参数。

"ENT"键用于确认功能项。

ESC："ESC"键用于退出当前操作功能项或退出当前操作窗口。

DIV："时标"键。在主画面和历史追忆画面中，"时标"键用于切换时标，共有 4 挡时标，可循环切换，对曲线进行不同倍率的压缩显示。

🔒："屏锁"键。用于画面锁定切换，当屏幕锁定时，画面右上角会显示一个小锁。当画面未锁定，若 4min 内没有按键操作，画面自动切换到主画面（当前报警显示屏除外）。

◑：对比键。在任意画面中，按"对比度"键，画面上将弹出对比度调节窗口，对比度调节分 30 挡，可按"▲"键增加液晶屏显示对比度，"▼"键减小液晶屏显示对比度，按"ESC"键退出对比度调节画面。

(PRINT)：打印键在任意画面中，按"打印"键，画面上将弹出打印窗口。

SET：在任意画面中，按"SET"+"▶"进入仪表组态设置画面。按"SET"+"ENT"进入当前画面相关参数组态设置画面。

F1："F1"用于一些特殊的按键功能，或和其他键组合执行一些特殊功能，在以下说明中将分别介绍。

F2："F2"用于一些特殊的按键功能，或和其他键组合执行一些特殊功能，在以下说明中将分别介绍。

PAGE DOWN："翻页"键。在显示画面中，"翻页"键于向前切换显示画面，按"F1"+"PAGE DOWN"键将向后切换显示画面。

3. 显示画面

TFT 真彩色无纸记录仪共有开机画面、接线图画面及多幅显示画面，包括实时多通道显示—主画面、实时报警显示、双通道显示、全通道显示、报警一览显示、棒形图显示、历史追忆）以及多个组态画面和参数设置画面。

（1）实时多通道显示。

系统开机后，自动进入主画面——实时多通道显示画面，如图 4-4-13 所示。在主画面

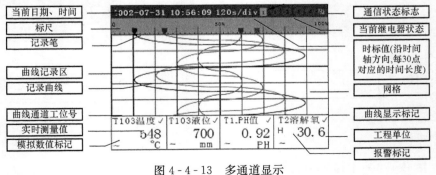

图 4-4-13　多通道显示

中，最上端显示系统时间和继电器输出状态、通信状态、时标值、当前显示组号。

　　仪表分六组显示，每个组最多设置四个通道。主画面可显示当前组中各通道的工位号、出错标记、单位、显示标记、实时测量数据、趋势曲线、记录笔、标尺。

　　记录仪可显示纵向曲线，如图 4 - 4 - 14 所示，也可显示曲线设置，所有变换可通过按"SET"＋"ENT"键进行设置即实现。

　　（2）报警显示。

　　报警状态在一幅画面中集中显示，便于操作人员快速查找到当前产生报警的通道及报警类型。在各通道四个报警点所对应的表格中，"H"表示产生上限报警；"L"表示产生下限报警；无内容显示表示无报警。当报警组态中将报警屏自动切换设为"开"，一旦有报警产生，仪表将自动切换到该画面。下端显示当前动作的继电器代号，如图 4 - 4 - 15 所示。

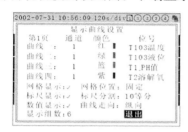

图 4 - 4 - 14　曲线设置

图 4 - 4 - 15　报警显示

　　（3）双通道数字显示。

　　双通道数字显示画面如图 4 - 4 - 16 所示，它以较大的字体显示两个通道的实时测量值，便于操作人员在较远的距离观察、比较两个通道的测量值。操作人员可按要求选择任意两个通道进行观察。正常情况下，显示数值为蓝色，当测量值超限报警时，显示数值为红色。

图 4 - 4 - 16　双通道数字显示

　　（4）全通道实时数据显示。

　　全通道实时数据显示画面供用户同时查看所有采集通道的实时测量数据（总通道数大于2时才显示），系统根据当前仪表设定的总通道数，自动以相应的字体大小及布局，显示所有通道的实时测量数据、单位，并标示相应的通道号。如图 4 - 4 - 17 和图 4 - 4 - 18 所示，分别为 6 个通道和 16 个通道的全通道显示画面。

　　（5）棒形图显示。

　　棒形图画面可分六组同时显示多个通道的棒形图，便于直观的监视多通道的实时状况。如图 4 - 4 - 19 所示，屏幕上端显示当前日期和时间、组号、继电器输出状态，仪表根据当前组显示的通道数，自动以相应的棒形图大小及布局显示，棒图内侧显示百分量标尺，棒图上下端显示相应通道的量程，棒图右侧显示报警标记（绿色表示正常，红色表示报警），画面下侧显示通道的工位号、测量值、工程单位。

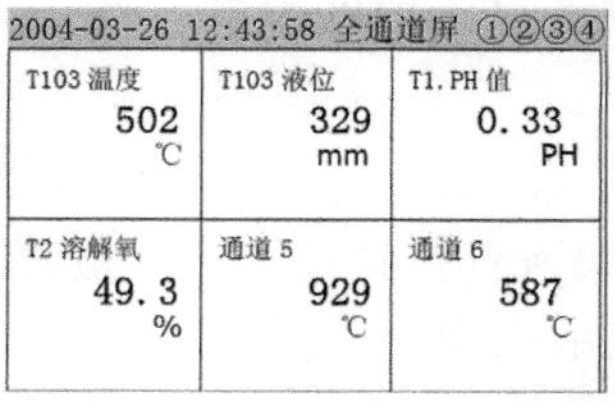

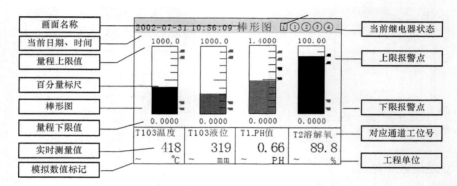

图 4-4-17　六个通道显示 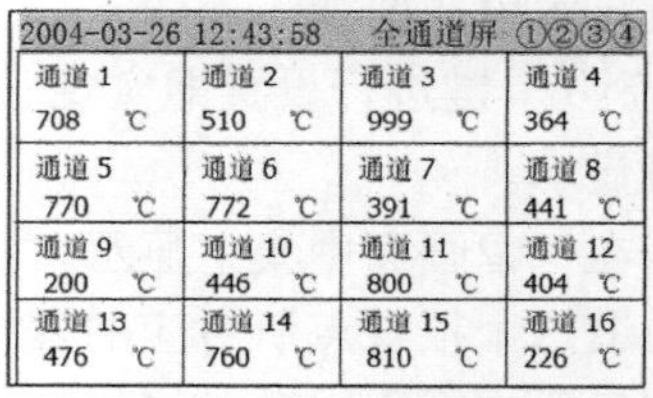　　　　　图 4-4-18　全通道显示

图 4-4-19　棒形图显示

（6）历史记录追忆。

历史记录追忆画面用于对历史数据进行查阅，其屏幕显示同主画面相类似，如图 4-4-20 所示。历史记录追忆画面只是在实时时间显示行下，显示当前追忆记录的时间间隔范围，在数值显示中，显示的是在间隔时间内测量数值的下限值和上限值。在曲线区中多了一条虚线表示的追忆记录定位轴，用于标示当前追忆记录点所处的位置。

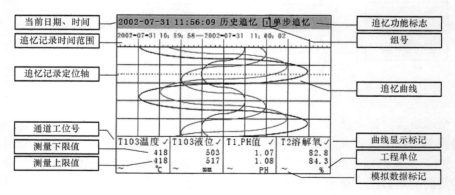

图 4-4-20　历史记录

追忆画面具有单步追忆、连续追忆、定时追忆三种方式，可通过按"F1"键切换屏幕右上角的功能标志来选择，不同的功能标志具有不同的功能操作及键盘定义。

五、调校步骤

1. 零位与满度的调整

（1）按调校图连接，接线经检查无误后通电预热 15min。

（2）将标准仪器（或手动电位差计或标准电阻箱）的信号调至被校仪表的下限信号，调整零位使数显仪表显示"000.0"。

（3）将标准仪器（手动电位差计或电阻箱）的信号调至被校仪表的上限信号（上限值见标注，信号值查分度表可得），调整量程电位器使仪表显示上限刻度值。

2. 示值调校

示值调校采用"输入被调校点标称电量值法"（即"输入基准法"），具体调校方法如下：

先选好调校点，调校点不应少于五点，一般应选择包括上、下限在内的五点。把选好的调校点及对应的标准电量值填入表。

从下限开始增大输入信号（正行程时），分别给仪表输入各被调校点所对应的标准电量值，读取被校仪表指示值，直至上限（上限值只进行正行程的调校）。把在各调校点读取的值记入表中。

减小输入信号（反行程调校），分别给仪表输入各被调校点所对应的标准电量值，读取被校仪表显示值，直至下限（下限值只进行反行程调校）。把各实测值记入表格。对数字显示仪表而言虽然进行了正、反行程的调校，还应计算读数的基本误差和最大变差并将在各调校点读取的值记入表中。

六、仪表调校记录 （见表 4 - 4 - 2 和表 4 - 4 - 3）

表 4 - 4 - 2 　　　　　　　　　　实训用主要仪器、设备技术参数一览表

项目	被校仪表	标准仪器			
名称					
型号					
规格					
准确度					
数量					
制造厂					
出厂日期					

表 4 - 4 - 3 　　　　　　　　　　记录仪基本误差测试记录表

	输入信号调校点					
输出	输出信号刻度					
	输出信号标准值					
	实际测量值	正行程				
		反行程				

续表

输入信号调校点						
误差	实际误差	正行程				
		反行程				
	正、反行程差值					
	实际基本误差（%）			被校表允许基本误差（%）		
	实测变差（%）			被校表允许变差（%）		
	仪表准确度等级					

七、数据处理
（1）训练时一定要等现象稳定后再读数、记录，否则会给训练结果带来较大误差。
（2）运用正确的公式进行误差运算。
（3）整理实训数据并将结果填入表格。

思　考　题

（1）无纸记录仪设置时应注意的问题有哪些？
（2）简述无纸记录仪的应用场合？
（3）智能无纸记录仪参数设置的作用是什么？

实训任务五　数字测量显示仪的设置与调校

一、实训目的
（1）了解数字测量显示仪工作原理。

图4-5-1　数字测量显示仪外形

（2）掌握数字测量显示仪的设置和接线方法。
（3）学会数字测量显示仪的调校。
SWP-F系列数字显示仪外形如图4-5-1所示。它适用于各种温度、压力、液位、速度、长度等的测量显示。采用微处理器进行数学运算，可对各种非线性信号进行高准确度的线性矫正。可直接替代各型动圈仪表。

二、输入信号与适配传感器
1. 配用标准信号变送器（见表4-5-1）

表 4 - 5 - 1　　　　　　　　　　　　　标准信号变送器

标准信号的变化范围		输入阻抗	配用变送器	测量范围
输入信号	各种 mV 信号 0～10mA 4～20mA 0～5V 1～5V 30～350Ω	≥10MΩ ≤500Ω ≤250Ω ≥250kΩ ≥250kΩ	霍尔变送器 与 DDZ - Ⅱ 型仪表配套 与 DDZ - Ⅲ 型仪表配套 与远传压力电阻配套	根据用户需要 自由设定 范围：-1999～9999 字

2. 配用标准分度号温度传感器（见表 4 - 5 - 2）

表 4 - 5 - 2　　　　　　　　　　　　标准分度号温度传感器

分度号	分辨率（℃）	配用传感器	测量范围（℃）
	B	1	铂 30 - 铂 6 铑	400～1800
	S	1	铂 10 - 铂	0～1600
	K	1	镍铬 - 镍硅	0～1300
	E	1	镍铬 - 康铜	0～1000
	J	1	铁 - 康铜	0～1200
输入信号	T	1	铜 - 康铜	-200～400
	WRe	1	钨 3 - 钨 25	0～2300
	Pt100	1	铂热电 R_0=100Ω	-199～650
	Pt100	0.1	铂热电 R_0=100Ω	-199.9～320.0
	Cu50	0.1	铜热电阻 R_0=50Ω	-50.0～150.0

三、主要技术参数

（1）输入信号：电阻——各种规格热电阻，如 Pt100、Cu50 等或远传压力电阻；

电偶——各种规格热电偶，如 B、S、K、E、J、T、WRe 等，电压 0～5V、1～5V 或 mV；电流 0～10mA、4～20mA 或 0～20mA 等。

（2）测量准确度：0.2％FS±1 字或 0.5 ％FS±1 字；报警准确度：±1 字。

（3）输出信号：继电器控制（或报警）；输出：（AC220V/3A. DC24V/5A. 阻性负载），4～20mA 或 1～5V。

（4）电源电压：220V AC+10～-15％，50±2Hz。

（5）结构：标准卡入式。

四、操作方式

1. 仪表面板（见图 4-5-2）

图 4-5-2　数字测量显示仪仪表面板

仪表面板的功能如表 4-5-3 所列。

2. 操作方式

（1）正确的接线。

仪表卡入表盘后，参照仪表接线图接妥输入、输出及电源线。

表 4-5-3　　　　　　　　　　仪表面板功能

	名称	功能
操作键	**SET** 参数设定选择键	1）可以记录已变更的设定值 2）可以按序变换参数设定模式 3）可以变换显示或参数设定模式
	▼ 设定值减少键	变更设定时，用来减少数值 连续按压，将作自动快速减 1
	▲ 设定值增加键	变更设定时，用来增加数值 连续按压，将作自动快速加 1
	复位（RESET）键（面板不标出）	用以程序清零（自检）
显示器	测量值 PV 显示器	显示测量值 在参数设定状态下，显示参数符号或设定值
指示灯	（ALM1）（红） 第一控制（或报警）指示灯	第一控制（或报警）输出 ON 时亮灯 输入回路断线时亮灯
	（ALM2）（绿） 第二控制（或报警）指示灯	第二控制（或报警）输出 ON 时亮灯

（2）仪表的上电。

数字测量显示仪无电源开关，接入电源即进入工作状态。

（3）仪表设备号及版本号的显示。

数字测量显示仪在投入电源后，可立即确认仪表设备号及版本号，如图 4-5-3 所示。自检完毕后，仪表自动转入工作状态，PV 显示测量值。如要求再次自检，可按一下面板右

图 4 - 5 - 3　仪表设备号及版本号的显示

电源投入

自动变换　　开机自检（约2秒）

自动变换　　显示输入信号为模拟量

自动变换　　显示版本号（V1.00）

自动变换　　显示输入分度号（Pt100.1）

自动变换　　显示测量下限（-199.9℃）

自动变换　　显示测量上限（320.0℃）

下方的复位键（面板不标出位置），仪表将重新进入自检状态。

（4）显示参数（一级参数）设定，如图 4 - 5 - 4 所示；分度号显示参数见表 4 - 5 - 4。

1）显示参数（Parameter）的种类。

在仪表 PV 测量值显示状态下，按 SET 键，仪表将转入显示参数设定状态，按 SET 键，即照下列顺序变换参数（一次巡回后随即回至最初项目）。参数设定状态和各参数列示见表 4 - 5 - 5。

图 4 - 5 - 4　参数设定状态

表 4 - 5 - 4　　　　　　　　　分 度 号 显 示 参 数 表

显示	B	S	K	E	T	J	L	C	P	P。	A	1	2	3	4
分度号	B	S	K	E	T	J	WRe	Cu50	Pt100	Pt100.1	特殊规格	0~10mA	4~20mA	0~5V	1~5V

表 4 - 5 - 5　　　　　　　　参数的定状态和各参数列表

符号	名称	设定范围（字）		说明	出厂预定值
CLK	设定参数禁锁	CLK=00		无禁锁（设定参数可修改）	00
		CLK≠00，132		禁锁（设定参数不可修改）	
		CLK=132		进入二级参数设定	
AL1	第一控制目标值（或报警值）	-1999~9999		显示第一控制（或报警）的设定值	50 或 50.0
AL2	第二控制目标值（或报警值）	-1999~9999		显示第二控制（或报警）的设定值	50 或 50.0
AH1	第一控制（或报警）回差	0~255		显示第一控制（或报警）的回差值	0
AH2	第二控制（或报警）回差	0~255		显示第二控制（或报警）的回差值	0

注　①仪表参数设定时，PV 显示器将作为设定参数符号显示器及设定值显示器。每一参数设定过程都分作两次完成。即 PV 先显示参数符号，接下来显示对应于该符号含义的具体参数值。
　　②参数由仪表规格不同有不予显示的参数，请注意。

2）参数设定方式。以 SWP - F803 为例，说明参数设定方式及过程，设定上限报警目标值为 100℃，如图 4 - 5 - 5 所示。

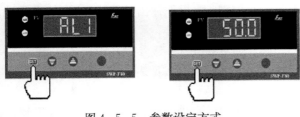

图 4 - 5 - 5　参数设定方式

在 PV 显示测量值的状态下按压 SET 键,直到屏幕显示第一报警参数符号 AL1。

在 PV 显示 AL1 的状态下按压 SET 键,PV 显示第一报警设定出厂预定值。

在 PV 显示第一报警出厂预定值状态下,按住设定值增加键,程序自动快速加 1,调整参数值等于 100。

按压 SET 键,确认参数设定值正确并进入下一参数调整设定,第一报警参数设定即告完毕。

用以上方法,可继续分别设定其他参数。修改参数,请先确认 CLK＝00,否则参数无法修改。

操作时注意:设定参数改变后,按 SET 键该值才被保存。

3. 返回工作状态

(1) 手动返回:在仪表参数设定模式下,按住 SET 键 5s 后,仪表即自动回到测量值显示状态。

(2) 自动返回:在仪表参数设定模式下,不按任一键 30s 后,仪表将自动回到测量值显示状态。

(3) 复位返回:在仪表参数设定模式下,按压复位键,仪表再次自检后即进入测量值显示状态。

4. 控制输出方式

(1) 断偶与超量程指示及报警,仪表显示状态如图 4 - 5 - 6 所示。

(a)

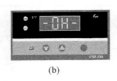
(b)

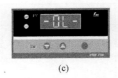
(c)

图 4 - 5 - 6　断偶与超量指及报警仪表显示

(a) 断偶 (输入回路断线) 时;(b) 正向量程超限时;(c) 负向量程超限时

(2) 仪表的接线,如图 4 - 5 - 7 所示。

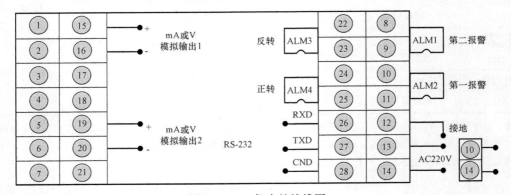

图 4 - 5 - 7　仪表的接线图

5. 二级参数设定（见表4-5-6）

表4-5-6 二级参数设定

参数	名称	设定范围（字）	说明
SL1	小数点	SL1=0	无小数点
		SL1=1	小数点在十位（显示×××.×）
		SL1=2	小数点在百位（显示××.××）
		SL1=3	小数点在千位（显示×.×××）
SL2	第一控制输出方式或第一报警方式	SL2=0	无控制或无报警
		SL2=1	位式下限控制或下限报警
		SL2=2	位式上限控制或上限报警
SL3	第一控制输出方式或第二报警方式	SL3=0	无控制或无报警
		SL3=1	位式下限控制或下限报警
		SL3=2	位式上限控制或上限报警
SL4	冷补方式	SL4=0	内部冷端补偿
		SL4=1	外部冷端补偿
SL5	闪烁报警	SL5=0	无闪烁报警
		SL5=1	带闪烁报警
SL6	滤波系数	1~10次	设置仪表滤波系数防止显示值跳动
SL7	报警功能	个位=0	无报警延迟功能
		个位=1~9	报警后延迟（0.5×设定值）秒后输出报警信号
		十位=0	断线时有报警输出（继电器报警接点输出）
		十位=1	断线时无报警输出（仅闪烁报警，无继电器报警接点输出）（注2）
Pb1	显示输入的零点迁移	全量程	设定显示输入零点的迁移量
KK1	显示输入的量程比例	0~1.999倍	设定显示输入量程的放大比例
Pb2	冷端补偿的零点迁移	全量程	设定冷端补偿的零点迁移量
KK2	冷端补偿放大比例	0~1.999倍	设定冷端补偿的放大比例
Pb3	变送输出的零点迁移	0~100%	设定变送输出的零点迁移量
KK3	变送输出的放大比例	0~1.999倍	设定变送输出的放大比例
OUL	变送输出量程下限	全量程	设定变送输出的下限量程
OUH	变送输出量程上限	全量程	设定变送输出的上限量程
PVL	闪烁报警下限	全量程	设定闪烁报警下限量程（测量值低于设定值时，显示测量值并闪烁，SL5=1时有此功能）
PVH	闪烁报警上限	全量程	设定闪烁报警上限量程（测量值高于设定值时，显示测量值并闪烁，SL5=1时有此功能）
SLL	测量量程下限	全量程	设定输入信号的测量下限量程
SLH	测量量程上限	全量程	设定输入信号的测量上限量程

在仪表一级参数设定状态下，修改 CLK＝132 后，在 PV 显示器显示 CLK 的设定值（132）的状态下，同时按下 SET 键和▲键 30s，仪表即进入二级参数设定，仪表背面接线如图 4 - 5 - 8 所示。

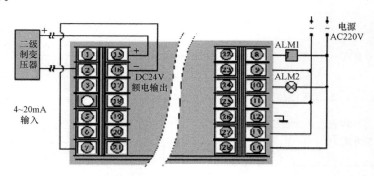

图 4 - 5 - 8　仪表背面接线图

五、调校步骤

1. 零位与满度的调整

（1）按调校图连接，接线经检查无误后通电预热 15min。

（2）将标准仪器（或手动电位差计或标准电阻箱）的信号调至被校仪表的下限信号，调整零位使数显仪表显示"000.0"。

（3）将标准仪器（手动电位差计或电阻箱）的信号调至被校仪表的上限信号（上限值见标注，信号值查分度表可得），调整量程电位器使仪表显示上限刻度值。

2. 示值调校

数字测量显示仪的调校采用输入被调校点标称电量值法（即输入基准法），具体调校方法如下：

（1）选好调校点，调校点不应少于 5 点，一般应选择包括上、下限在内的 5 点。将选好的调校点及对应的标准电量值填入表中。

（2）从下限开始增大输入信号（正行程时），分别给仪表输入各被调校点所对应的标准电量值，读取被校仪表指示值，直至上限（上限值只进行正行程的调校），将在各调校点读取的值记入表中。

（3）减小输入信号（反行程调校），分别给仪表输入各被调校点所对应的标准电量值，读取被校仪表显示值，直至下限（下限值只进行反行程调校），将各实测值记入表格。对数字显示仪表而言虽然进行了正、反行程的调校，将在各调校点读取的值记入表中。

六、仪表调校记录（见表 4 - 5 - 7）

表 4 - 5 - 7　　　　　实训用主要仪器、设备技术参数一览表

项目	被校仪表	标准仪器			
名称					
型号					
规格					

续表

项目	被校仪表	标准仪器				
准确度						
数量						
制造厂						
出厂日期						

表 4 - 5 - 8　　　　　实训数据记录表

输入	输入信号刻度分值		0%	25%	50%	75%	100%
	输入信号						
输出	输出信号标准值						
	实测值	正行程					
		反行程					
误差	实测值	正行程					
		反行程					
	实测变差						
	实测基本误差						
	最大变差			结论：			
	实测准确度等级						

七、数据处理

（1）训练时一定要等现象稳定后再读数、记录，否则会给训练结果带来较大误差。

（2）运用正确的公式进行误差运算。

（3）整理实训数据并将结果填入表格。

思　考　题

（1）数字显示仪设置时应注意哪些问题？

（2）分析数字显示仪的应用场合？

（3）智能数字显示仪的零点与量程如何确定？

（4）智能数字显示仪的一级参数与二级参数设置时，应注意什么问题？

实训任务六　智能流量积算控制仪设置与调校

一、实训目的

（1）了解智能流量积算控制仪工作原理。

（2）掌握智能流量积算控制仪的设置和接线方调校法。

（3）学会智能流量积算控制仪的调校。

智能流量积算控制仪具有多种输入信号功能，可配接各种差压流量传感器、压力流量传

图 4-6-1　智能流量
积算控制仪外形

感器以及各种频率式流量传感器等（如涡街、涡轮、孔板等），外形如图 4-6-1 所示。

智能流量积算控制仪具有极宽的显示范围，可显示整四位瞬时流量测量值（0～9999 字），显示整十位流量累积测量值（0～9999999999 字），可精确到小数点后三位（0.001）进行累积，可设定仪表内部参数使最大累积值达到 99999999.99×100。智能流量积算控制仪采用计算机全数字自动调校功能，整机无可动部件，保证系统可靠、安全运行。

智能流量积算控制仪采用查表法进行计算，可全自动对过热蒸汽、饱和蒸汽等进行准确度极高的积算控制。

二、流量积算控制仪功能

（1）对质量流量自动进行计算和累积，对标准体积流量自动进行计算和累积。

（2）同时显示瞬时流量测量值及流量累积值（累积值单位可任意设定）。可切换显示瞬时流量测量值、流量（差压、频率）测量值、差压测量值、压力补偿；测量值、温度补偿测量值及频率测量值。

（3）具有设定流量小信号切除功能（瞬时流量小于设定值时流量不累积）；可设定流量定量控制功能（流量累积值大于（或小于）设定值时输出控制信号）；可自动进行温度、压力补偿。

（4）可编程选择以下几种传感器形式：

1）ΔP 输入为差压式流量传感器；

2）ΔP 、T 输入为差压式流量传感器和温度传感器；

3）ΔP 、P 输入为差压式流量传感器、压力传感器；

4）f 输入为频率式流量传感器；

5）f 、T 输入为频率式流量传感器和温度传感器；

6）f 、P 输入为频率式流量传感器、压力传感器；

7）f 、P 、T 输入为频率式流量传感器、压力传感器和温度传感器；

8）G 输入为流量传感器（线性流量信号）；

9）G 、T 输入流量传感器和温度传感器；

10）G 、P 输入为流量传感器和压力传感器。

（5）具有三种补偿功能：温度自动补偿、压力自动补偿、温度和压力自动补偿。

（6）多种类型信号输入：电流：0～10mA 或 4～20mA；频率：0～5kHz；电压：0～5V、1～5V 或 mV；电阻：热电阻 PT10；电偶：K，E。

三、仪表工作原理

智能积算控制仪工作原理如图 4-6-2 所示，它以单片微处理器为基础，通过输入信号电路将各种模拟信号经 A/D 转换器转换成数字信号（频率信号直接由微处理器进行计数），微处理器根据采样的结果和数字设定内容进行计算比较后显示及控制输出。

四、数学模型（其他项详见说明书）

1. 质量流量（M）计算公式

$$M = K \times \sqrt{\rho \times \Delta P}$$

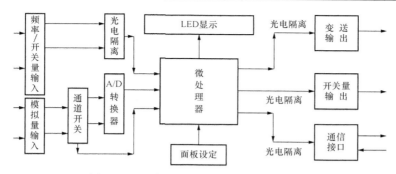

图 4-6-2 智能流量积算控制仪工作原理

输入信号为差压（ΔP，未开方）

二级参数设定：b1＝2，b2＝1，b5＝0，d1＝0，d2＝0，d3≠0。

一级参数设定：K、ρ。

注：$\rho 20$ 工业标准状况（大气压力为 0.10133MPa，温度为 20℃）时，测量对象的密度。

T——温度补偿输入信号（单位：℃）。

T0——273.15℃；P0——0.10133MPa；ρ——工况密度（单位：kg/m³）。

P——压力补偿输入信号（单位：同仪表二级参数 DP——压力补偿单位设定，常用单位为 MPa）；QN——标准状况下的体积流量。

A1——补偿常数；A2——补偿系数；K——补偿系数。

f——频率式流量仪的频率输入信号（单位：Hz）。

G——线性流量仪的输入信号（单位：同流量仪输出单位，如 m³/h）。

2．过热蒸汽积算

测量过热蒸汽时，可选用查表法进行运算。仪表根据流量（差压）输入值、压力补偿值、温度补偿值的实时测量值，自动查对仪表内部的过热蒸汽补偿表格进行高精的补偿运算。

3．饱和蒸汽积算

测量饱和蒸汽时，可选用温度补偿或压力补偿、查表法进行运算，仪表根据流量（差压）输入值、温度补偿测量值或压力补偿值测量值（饱和蒸汽测量中，补偿信号只能选择温度补偿或压力补偿其中的一种，如两种同时选择，则仪表仅以温度补偿为准进行运算），自动查对仪表内部的饱和蒸汽补偿表格进行高精度的补偿运算。

五、操作设置

1．面板操作

现以 SWP-LE802 为例介绍面板操作，其他机型操作方式类同。仪表面板如图 4-6-3，具体功能见表 4-6-1。

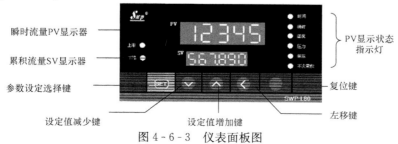

图 4-6-3 仪表面板图

表 4 - 6 - 1　　　　　　　　　　智能流量积算控制仪面板功能

	名称	内容
操作键	(SET) 参数设定选择键	1) 可以记录已变更的设定值 2) 可以按序变换参数设定模式 3) 配合▼键可以实现累积流量值清零功能 4) 配合◀️键可实现设定小数点循环左移功能 5) 配合▲键可进入仪表二级参数设定 6) 配合▲键可进入仪表时间设定
	▼ 设定值减少键	1) 变更设定时,用于减少数值 2) 测量值显示时,可切换显示各通道测量值 3) 配合(SET)键可实现累积流量值清零
	▲ 设定值增加键	1) 变更设定时,用于增加数值 2) 带打印功能时,用于手动打印 3) 配合(SET)键可进入仪表二级参数设定 4) 配合(SET)键可进入仪表时间设定
	◀️ 左移键	1) 在参数设定状态下,可循环左移欲更改位 2) 配合(SET)键可以实现小数点循环左移功能
	复位（RESET）键（面板不标出）	用于程序清零（自检）
指示灯	（上限）（红） 第一报警指示灯 （定量控制输出指示灯）	1) 第一报警 ON 时亮灯 2) 定量控制输出 ON 时亮灯（自动启动控制方式）
	（下限）（绿） 第二报警指示灯 （定量控制输出指示灯）	1) 第二报警 ON 时亮灯 2) 定量控制输出 ON 时亮灯（手动启动控制方式）
	时间（绿） 当前时间指示灯	PV 显示当前时间时亮灯
	瞬时流量（绿） 瞬时流量显示指示灯	PV 显示瞬时流量值时亮灯
	温度（绿） 温度补偿显示指示灯	PV 显示温度补偿值时亮灯
	压力（绿） 压力补偿指示灯	PV 显示压力补偿值时亮灯
	差压（绿） 差压、流量显示指示灯	PV 显示差压、流量、频率测量值时亮灯
	（本次累积）（绿） 本次累积显示指示灯	PV 显示本次累积值（断电或复位不保持）时亮灯

续表

	名称	内容
显示器	瞬时流量值 PV 显示器 （整五位显示）	显示瞬时流量值 在参数设定状态下，显示参数符号 可设定为显示流量、压力补偿、温度补偿输入值
	累积流量值 SV 显示器 （整六位显示）	显示累积流量值 在参数设定状态下，显示设定参数值
	累积流量整十一位显示器 （PV+SV）	可设定仪表内部参数，使仪表显示整十一位累积值（累积的百万位显示在 PV 显示器上）

2. 操作方式

（1）正确的接线。

智能流量积算控制仪卡入表盘后，参照仪表随机接线图接妥输入、输出及电源线，并请确认无误。

（2）仪表的上电。

智能流量积算控制仪无电源开关，接入电源即进入工作状态。

（3）仪表设备号及版本号的显示。

智能流量积算控制仪在投入电源后 ，可立即确认仪表设备号及版本号。3s 后，仪表自动转入工作状态，PV 显示测量值，SV 显示累积流量值。如要求再次自检，可按一下面板右下方的复位键（面板不标出位置），仪表将重新进入自检状态，如图 4-6-4 所示。

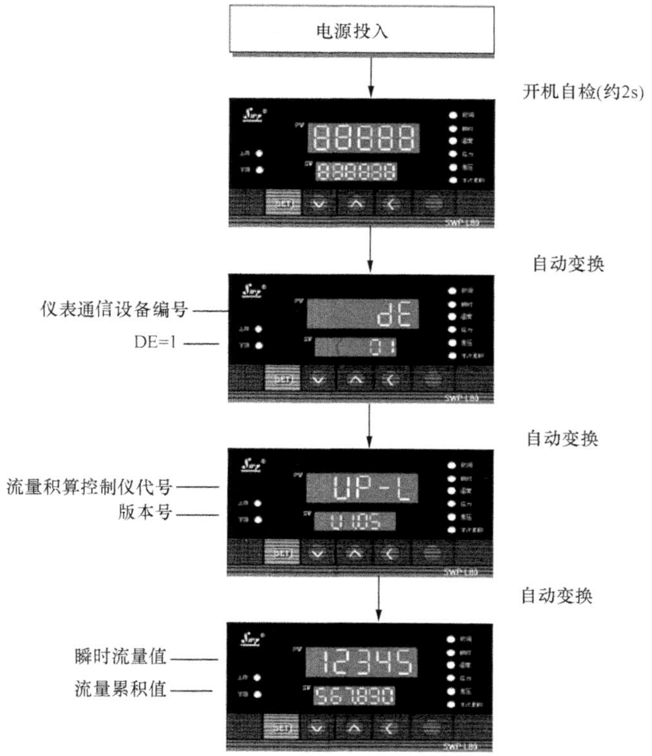

图 4-6-4 仪表设备号及版本号的显示

（4）控制参数（一级参数）设定。

1）控制参数的种类。

在仪表 PV 测量值显示状态下，按压 SET 键，仪表将转入控制参数设定状态。每按一次 SET 键即照下列顺序变换参数（一次巡回后随即回至最初项目）。参数设定状态和各参数列示见表 4 - 6 - 2。仪表参数设定时，PV 显示器将作为设定参数符号显示器，SV 将作为设定参数值显示器，可修改位以闪烁状态显示。因仪表型号不同，有些参数将不予显示。

表 4 - 6 - 2　　　　　　　　　　智能流量积算控制仪控制参数

符号	名称	设定范围（字）	说明	出厂预定值
CLU CLK	设定参数禁锁	CLK＝00	无禁锁（设定参数可修改）	00
		CLK≠00，132	禁锁（设定参数不可修改）	
		CLK＝111	允许累积流量值手动清零	
		CLK＝130	进入修改当前日期和时间	
		CLK＝132	进入二级参数设定	
AL1 AL1	第一报警值	−1999～9999	1）显示第一报警的报警设定值 2）其他功能请参照（AL1、AL2 的说明）订货时提出	50 或 50.0
AL2 AL2	第二报警值	−1999～9999	1）显示第二报警的报警设定值 2）其他功能请参照（AL1、AL2 的说明）订货时提出	50 或 50.0
AH1 AH1	第一报警回差	0～255	显示第一报警的回差值	0
AH2 AH2	第二报警回差	0～255	显示第二报警的回差值	0
K1 K1	流量系数 1	−199999～999999	1）显示差压式、频率式、压力式流量输入系数 2）参见流量补偿系数 Kx 的示意图	1.00000
K2 K2	流量系数 2	−199999～999999	1）显示差压式、频率式、压力式流量输入系数 2）参见流量补偿系数 Kx 的示意图	1.00000
K3 K3	流量系数 3	−199999～999999	1）显示差压式、频率式、压力式流量输入系数 2）参见流量补偿系数 Kx 的示意图	1.00000
K4 K4	流量系数 4	−199999～999999	1）显示差压式、频率式、压力式流量输入系数 2）参见流量补偿系数 Kx 的示意图	1.00000
A1 A1	密度补偿常数	−199999～999999	显示被测量介质的密度补偿常数	1.00000
A2 A2	密度补偿系数	−199999～999999	显示被测量介质的密度补偿系数	1.00000

续表

符号	名称	设定范围（字）	说明	出厂预定值
A3	密度补偿系数	－199999～999999	显示被测量介质的密度补偿系数	1.00000
P	工况密度	－199999～999999	显示被测量介质工作状态下的密度值（单位：kg/m³）	1.00000
ρ20	标准状况下的密度	－199999～999999	显示被测量介质在标准状况（1 个标准大气压力、20℃时）下的密度值（单位：kg/m³）	1.00000
DIP	PV 显示器显示内容选择开关	DIP＝0	轮流显示以下之测量值（参见显示切换）	2
		DIP＝1	显示当前时间（小时，分钟）	
		DIP＝2	显示瞬时流量值	
		DIP＝3	显示温度补偿输入值	
		DIP＝4	显示压力补偿输入值	
		DIP＝5	显示流量（差压或频率）测量值	
		DIP＝6	显示整十一位累积值	
		DIP＝7	显示本次累积值（复位或断电后清零）	

2）参数设定方式。

以下以 WP-LE802 为例，说明参数设定方式及过程，设定第一报警目标值为 100，如图 4-6-5 所示。

按压设定值减少键，直至参数值等于1。　　同时按压SET键和左移键5次，使小数点循环左移，直至参数等于100.000　　按压SET键，确认参数设定值正确并进入下一参数设定，第一报警参数设定即告完毕。

图 4-6-5　参数设定

用以上方法，可继续分别设定其他各参数。设定参数改变后，按 SET 键该值才被保存。

3. 设定参数单位

时间：设定时以小时为单位；

温度：设定时以℃为单位；

压力：设定时同仪表二级参数

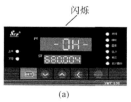 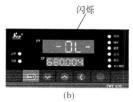

（a）　　　　　　　　（b）

图 4-6-6　超量程指示及报警

（a）正向量程超限；（b）负向量程超限

DP - 压力补偿单位设定，常用单位为 MPa；

　　累积流量：单位由瞬时流量单位决定（以小时为标准进行累积）。

　　4. 报警输出方式或定量控制方式

　　超量程指示及报警如图 4 - 6 - 6 所示，报警输出方式见表 4 - 6 - 3。

表 4 - 6 - 3　　　　　　　　　　　　　报 警 输 出 方 式

符号	名称	设定范围	说明	输出状态
AL1	第一报警	全量程	1) 可选择瞬时流量上限报警 2) 可选择瞬时流量下限报警 3) 可选择流量定量过程控制输出一自动启动 4) 可选择流量定量到控制输出一自动启动 5) 可选择流量定量到控制输出一自动清零 6) 可选择不报警	请参阅报警输出状态
AL2	第二报警	全量程	1) 可选择瞬时流量上限报警 2) 可选择瞬时流量下限报警 3) 可选择流量定量过程控制输出一手动启动 4) 可选择流量定量到控制输出一手动启动 5) 可选择不报警	

六、流量累积显示

　　仪表最大累积流量为 9999999999 字，可设定二级参数改变累积显示方式，累积量程 9999999.999～99999999.99 字；最大累积量程可达 99999999.99×100。仪表累积满整六位（SV 显示）后，即自动进位至 PV（此时可设定仪表一级参数 DIP＝6，使 PV 显示累积值；或使用▼键切换查看）。

　　注意：非工程设计人员不得进入修改二级参数，否则将造成仪表控制错误！

七、二级参数设定

　　在仪表一级参数设定状态下，修改 CLK＝132 后，再次按压 SET 键，直至出现参数 CLK，并且参数值为 132，松开 SET 键，再同时压下 SET 键和▲键 30s，仪表即进入二级参数设定。在二级参数修改状态下，每按一次 SET 键参数显示如表 4 - 6 - 4 所列顺序变换，一次巡回后随即回至最初项目。

表 4 - 6 - 4　　　　　　　　　　　　　二 级 参 数 设 定

参数	名称	设定范围	说明
b1	被测量介质	b1＝0	被测量介质为饱和蒸汽
		b1＝1	被测量介质为过热蒸汽
		b1＝2	被测量介质为其他类型
b2	流量输入信号类型	b2＝0	流量输入为线性（G）
		b2＝1	流量输入为差压（ΔP，未开方）
		b2＝2	流量输入为差压（ΔP，已开方）
		b2＝3	流量输入为频率信号

参数	名称	设定范围	说明
b3	第一报警方式	b3＝0	无报警
		b3＝1	瞬时流量下限报警
		b3＝2	瞬时流量上限报警
		b3＝3	流量定量过程控制输出—自动启动，"1"输出
		b3＝4	流量定量到控制输出—自动启动，"0"输出
		b3＝5	流量定量到控制输出—自动启动，自动清零，脉宽输出
b4	第二报警方式	b4＝0	无报警
		b4＝1	瞬时流量下限报警
		b4＝2	瞬时流量上限报警
		b4＝3	流量定量过程控制输出—手动启动，"1"输出
		b4＝4	流量定量到控制输出—手动启动，"0"输出
b5	流量测量选择	b5＝0	测量质量流量
		b5＝1	测量标况体积（Q_N—标方）
dE	设备号	0～250	设定通信时本仪表的设备代号
bT	通信波特率	b6＝0	通信波特率为 300bit/s
		b6＝1	通信波特率为 600bit/s
		b6＝2	通信波特率为 1200bit/s
		b6＝3	通信波特率为 2400bit/s
		b6＝4	通信波特率为 4800bit/s
		b6＝5	通信波特率为 9600bit/s
C1	瞬时流量显示时间单位	C1＝0	瞬时流量显示时间单位为秒
		C1＝1	瞬时流量显示时间单位为分
		C1＝2	瞬时流量显示时间单位为小时
		C1＝3	瞬时流量显示时间为 1/10h
		C1＝4	瞬时流量显示时间为 1/100h
		C1＝5	瞬时流量显示时间为 1/1000h
C2	累积流量显示精度	C2＝0	累积流量显示准确度为 0.001（累积流量显示×××.×××）
		C2＝1	累积流量显示准确度为 0.01（累积流量显示××××.××）
		C2＝2	累积流量显示准确度为 0.1（累积流量显示×××××.×）
		C2＝3	累积流量显示准确度为 1（累积流量显示××××××）
		C2＝4	累积流量准确度为 10 实际累积流量＝显示累积流量×10
		C2＝5	累积流量准确度为 100 实际累积流量＝显示累积流量×100

续表

参数	名称	设定范围	说明
C3	瞬时流量显示的小数点	C3＝0	瞬时流量无小数点（瞬时流量显示××××）
		C3＝1	瞬时流量小数点在十位（瞬时流量显示×××.×）
		C3＝2	瞬时流量小数点在百位（瞬时流量显示××.××）
		C3＝3	瞬时流量小数点在千位（瞬时流量显示×.×××）
C4	温度补偿显示的小数点	C4＝0	温度补偿无小数点（温度补偿显示××××）
		C4＝1	温度补偿小数点在十位（温度补偿显示×××.×）
		C4＝2	温度补偿小数点在百位（温度补偿显示××.××）
		C4＝3	温度补偿小数点在千位（温度补偿显示×.×××）
C5	压力补偿显示的小数点	C5＝0	压力补偿无小数点（压力补偿显示××××）
		C5＝1	压力补偿小数点在十位（压力补偿显示×××.×）
		C5＝2	压力补偿小数点在百位（压力补偿显示××.××）
		C5＝3	压力补偿小数点在千位（压力补偿显示×.×××）
C6	流量（线性，差压）显示的小数点	C6＝0	流量输入无小数点（流量输入显示××××）
		C6＝1	流量输入小数点在十位（流量输入显示×××.×）
		C6＝2	流量输入小数点在百位（流量输入显示××.××）
		C6＝3	流量输入小数点在千位（流量输入显示×.×××）
d1	温度补偿输入的类型	d1＝0	无温度补偿输入
		d1＝1	温度补偿输入信号为 0～10mA
		d1＝2	温度补偿输入信号为 4～20mA
		d1＝3	温度补偿输入信号为 0～5V
		d1＝4	温度补偿输入信号为 1～5V
		d1＝5	温度补偿输入信号为用户参数
		d1＝6	温度补偿输入信号为热电阻 PT100
		d1＝7	温度补偿输入信号为热电偶 K
		d1＝8	温度补偿输入信号为热电偶 E
		d1＝9	温度补偿输入信号为用户参数
d2	压力补偿输入的类型	d2＝0	无压力补偿输入
		d2＝1	压力补偿输入信号为 0～10mA
		d2＝2	压力补偿输入信号为 4～20mA
		d2＝3	压力补偿输入信号为 0～5V
		d2＝4	压力补偿输入信号为 1～5V
		d2＝5	压力补偿输入信号为用户参数
		d2＝6	压力补偿输入信号为用户参数
		d2＝7	压力补偿输入信号为用户参数

参数	名称	设定范围		说明
d3	流量（线性、差压）的输入类型	d3＝0		流量信号输入为频率
		d3＝1		流量信号输入信号为 0～10mA
		d3＝2		流量信号输入信号为 4～20mA
		d3＝3		流量信号输入信号为 0～5V
		d3＝4		流量信号输入信号为 1～5V
		d3＝5		流量信号输入信号为用户参数
		d3＝6		流量信号输入信号为用户参数
		d3＝7		流量信号输入信号为用户参数
Pb1	温度补偿的零点迁移	全量程		设定温度补偿测量零点的显示值迁移量
KK1	温度补偿的量程比例	0～1.999		设定温度补偿测量量程的显示放大比例
Pb2	压力补偿的零点迁移	全量程		设定压力补偿测量零点的显示值迁移量
KK2	压力补偿的量程比例	0～1.999		设定压力补偿测量量程的显示放大比例
Pb3	流量输入的零点迁移	全量程		设定流量输入测量零点的显示值迁移量
KK3	流量输入的量程比例	0～1.999		设定流量输入测量量程的显示放大比例
SL	变送输出量程下限	−199999～999999		1）设定变送输出的上下限量程； 2）变送输出以瞬时流量值为参考
SH	变送输出量程上限			
PA	工作点大气压力	全量程		设定仪表工作点大气压力 单位：由参数 DP 的设定值设定，常用单位为 MPa、kPa、kgf/cm² 、bar 等。标准使用单位为 MPa
TL	温度补偿量程下限	−199999～999999		设定温度补偿量程的上下限，单位：℃
TH	温度补偿量程上限			
PL	压力补偿量程下限	−199999～999999		设定压力补偿量程的上下限 单位：由参数 DP 的设定值决定，常用单位为 MPa、kPa、kg/cm³ 、bar 等。标准使用单位为 MPa
PH	压力补偿量程上限			
CAL	流量输入量程下限	−199999～999999		设定流量输入量程的上下限 单位：同流量仪输出信号：差压输入时为 MPa
CAH	流量输入量程上限			
CAA	流量输入小信号切除	全量程		设定流量输入小信号切除功能
DT	温度补偿单位	参见（单位设定代码表）		设定温度补偿的单位
DP	压力补偿单位			设定压力补偿的单位
DCA	流量输入单位			设定流量输入的单位
PV	瞬时流量单位			设定瞬时流量的单位
SV	累积流量单位			设定累积流量的单位
AT	打印间隔时间	10～2400 分		设定定时打印的间隔时间（小于 10min 则不打印）
KE	流量系数补偿方式	KE＝0 KE＝1		流量系数 K 为线性补偿（一级参数中只用 K 作补偿） 流量系数 K 为非线性补偿（一级参数中用 K1、K2、K3、K4 作补偿）

KK2 压力补偿的量程比例 0～1.999，设定压力补偿测量量程的显示放大比例。

二级参数设定时应注意：

（1）仪表设定单位必须与实际测量单位一致。

（2）测量饱和蒸汽时，温度补偿或压力补偿只能选择一种。

（3）流量小信号切除：当流量（线性或差压）输入测量值小于 CAA 时，瞬时流量显示零，同时流量不累积。欲实现频率输入的小信号切除，可利用 Kx 补偿非线性曲线功能实现。

（4）打印间隔时间：打印间隔时间为设定值的 10 倍（如：设定 AT＝3，则打印间隔时间为 30min）。

（5）压力补偿：

1）输入的类型：d2＝7，压力补偿输入信号为用户参数；

2）d3＝0，流量信号输入为频率；

3）d3＝1，流量信号输入信号为 0～10mA。

（6）流量：

1）（线性、差压）的输入类型，d3＝7，流量信号输入信号为用户参数；

2）Pb1 温度补偿的零点迁移全量程，设定温度补偿测量零点显示值迁移量；

3）KK1 温度补偿的量程比例，0～1.999，设定温度补偿测量量程的显示放大比例；

4）Pb2 压力补偿的零点迁移全量程，设定压力补偿测量零点的显示值迁移量。

单位设定代码表如表 4-6-5。

表 4-6-5　　　　　　　　　单位设定代码表

代码	0	1	2	3	4	5	6	7	8	9
单位	kg/cm³	Pa	kPa	MPa	mmHg	mmH₂O	bar	℃	%	m
代码	10	11	12	13	14	15	16	17	18	19
单位	T	L	m³	kg	Hz	m/h	T/h	L/h	m³/h	kg/h
代码	20	21	22	23	24	25	26	27	28	29
单位	m/m	T/m	L/m	m³/m	kg/m	m/s	T/s	L/s	m³/s	kg/s

八、接线图

智能流量积算控制仪背面接线如图 4-6-7 所示，图中各接线端作用说明如下：

①、②：压力补偿输入端——仪表接线图上标注为 Pin，可接信号类型有：0～10mA，4～20mA，0～5V，1～5V。

③～⑦：流量（差压、频率）输入端——仪表接线图上标注为 Gin，其中：③～⑤——频率（f，范围 0～5kHz），⑥～⑦——0～10mA，4～20mA，0～5V，1～5V。

⑧～⑭：温度补偿输入端——仪表接线图上标注为 Tin。其中：⑧、⑨、⑩——RTD（PT100），⑪～⑫——TC（K、E），⑬、⑭——0～10mA，4～20mA，0～5V，1～5V。

⑮、⑯：馈电输出端——仪表接线图上标注为 OUTDC24V。

⑰、⑱：馈电输出端——仪表接线图上标注为 OUTDC24V。

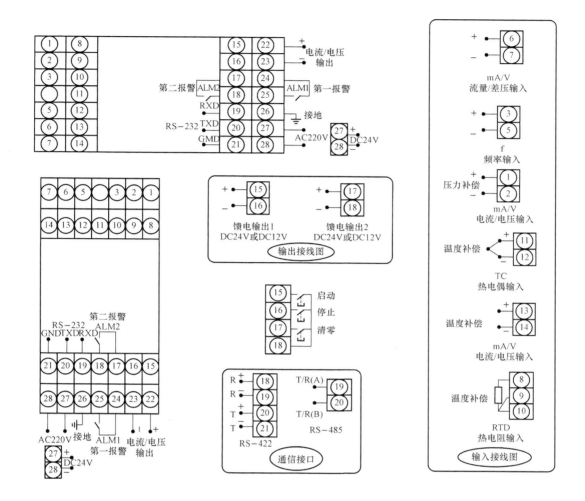

图 4 - 6 - 7　仪表背面接线图

⑰～⑱：第二报警输出端——仪表接线图上标注为 ALM2，输出为常开触点，定量控制输出端）输出类型参见"报警输出方式"。

⑮⑯⑰⑱：外接控制端——外接启动、停止、清零控制按钮。

⑲、⑳：RS - 485 通信输出端——仪表接线图上标注为 RS - 485。

⑲～㉑：RS - 232 通信输出端——仪表接线图上标注为 RS - 232。

㉒、㉓：变送输出端——仪表接线图上标注为 OUT mA/V，输出类型有：0～10mA，4～20mA，0～5V，1～5V。

㉔、㉕：第一报警输出端——仪表接线图上标注为 ALM1，输出为常开触点，（定量控制输出端）输出类型参见"报警输出方式"。

㉖：保护接地端——保护接地。

㉗～㉘：仪表供电电源端——仪表接线图上标注为 AC220V（如供电电源为 24V DC，——则标注为 24V DC）。

九、智能流量积算控制仪系列型谱（见表 4 - 6 - 6）

表 4 - 6 - 6　　　　　智能流量积算控制仪系列型谱

型号	代码	说明
SWP - LE	□□—□ □—□ □□—□□□	5 位＋6 位流量积算控制仪
外形尺寸		160×80mm（横式），50×160mm（竖式）
控制作用	01 02 03 04 05	无补偿输入 带补偿输入 过热蒸汽带温度压力补偿—直表法 饱和蒸汽带温、压补偿—查表法 用户特定曲线补偿输入—查表法
通信方式	□	参见"通信方式"
输出方式	□	参见"输出方式"
流量信号类型	□	参见"输入类型"
压力补偿类型	□	参见"输入类型"
温度补偿类型	□	参见"输入类型"
第一报警方式	N H L B C D	无控制（或报警，可省略） 上限控制（或报警） 下限控制（或报警） 流量定量到控制——自动启动 流量定量过程控制——自动启动 流量定量到控制——自动清零
第二报警方式	N H L B C D	无控制（或报警，可省略） 上限控制（或报警） 下限控制（或报警） 流量定量到控制——自动启动 流量定量过程控制——自动启动 流量定量到控制——自动清零
馈电输出	N P 2P	无馈电输出（可省略） 单路 24V DC 馈电输出 双路 24V DC 馈电输出
供电方式	W T	24V DC 供电 90～265V AC 供电（开关电源） 220V AC 供电（线性电源，可省略）
外形特征	S	竖式显示仪表 横式显示仪表（可省略）

十、输入类型（见表 4 - 6 - 7）

表 4 - 6 - 7　　　　　　　　　　输 入 类 型

代码	输入类型	测量范围	说明
A	4～20mA	－199999～999999d	
B	0～10mA	－199999～999999d	
C	1～5V	－199999～999999d	
D	0～5V	－199999～999999d	
M	0～20mA	－199999～999999d	本表所列为最大量程，用户可在量程范围内通过修改仪表二极参数确定量程范围
F	脉冲	0～5kHz	
O	脉冲—集电极开路	0～5kHz	
G	PT100	－200～650℃	
E	E	0～1000℃	
K	K	0～1300℃	
R	用户特定	－199999～999999d	
N	无补偿输入		

十一、智能流量积算控制仪的调校

（1）按校验图接好线。

（2）零点、满量程的调校。首先，调节信号发生器，使输入电流 I 为 4mA，此时输出电流应为 1V，否则应调整零点电位器，然后再调节信号发生器，使输入电流为 20mA，此时输出电流应为 5V，否则应调整量程设置。上述步骤反复调整，直到满足要求为止。

（3）准确度调校。调节信号发生器，使输入电流分别为 0％、25％、50％、75％、100％，即输入电流分别为 4mA、8mA、12mA、16mA、20mA。同时用标准电压表测量电压输出端对应的输出电压，并记录下实测数据，填入表格。根据基本误差公式算出被校表的实测基本误差，若超差，则应重新调整或分析误差原因。

十二、仪表调校记录（见表 4 - 6 - 8、表 4 - 6 - 9）

表 4 - 6 - 8　　　　　　　实训用主要仪器、设备技术参数一览表

项目	被校仪表	标准仪器			
名称					
型号					
规格					
准确度					
数量					
制造厂					
出厂日期					

表 4-6-9　　　　　　　　　　实 训 数 据 记 录 表

输入	输入信号刻度分值		0％	25％	50％	75％	100％
	输入信号						
输出	输出信号标准值						
	实测值	正行程					
		反行程					
误差	实测值	正行程					
		反行程					
	实测变差						
	实测基本误差						
	最大变差						
	实测准确度等级				结论：		

十三、数据处理

（1）训练时一定要等现象稳定后再读数、记录，否则会给训练带来较大误差。

（2）运用正确的公式进行误差运算。

（3）整理实训数据并将结果填入表格。

思 考 题

（1）智能流量积算控制仪设置时应注意的问题？

（2）智能流量积算控制仪有多少种补偿措施？

（3）智能流量积算控制仪校验接线端子说明？

实训任务七　X80 系列闪光信号报警器的测试

一、实训目的

（1）了解闪光信号报警器工作原理。

（2）掌握闪光信号报警器的接线与常开、常闭的关系。

（3）会闪光信号报警器的调校。

SWP-X80 系列闪光信号报警器是目前最新一代的智能化仪表，外形如图 4-7-1 所示。

二、主要技术指标

（1）各输入点状态指示窗口：8 块 LED 发光块分别指示相应的输入通道报警状况。

图 4-7-1　X80 系列
闪光信号报警器外形图

（2）输入信号：继电器通断开关信号以及 TTL 信号。

（3）设定方式：可通过仪表内部跳线器的变换而改变其报警方式，即常开信号（TTL高电位）或常闭信号（TTL 低电位）报警（即常开或常闭信号报警），通信地址及功能选择

（即是否进行数据采集）。

（4）输出：窗口显示输出和外扩 8 路 OC 门输出，指示"报警"信号；仪表内部设置蜂鸣器；继电器［触点容量 3A/240V（AC），5A/24V（DC），阻性负载］通/断，控制外接讯响装置，提示有"报警"信号，可用外接或仪表面板上的消音按钮让讯响器和内部蜂鸣器停"鸣"。

（5）通信接口：接口标准：RS485 或 RS232。

（6）电源：180～240V（AC），48～52Hz 4V（DC）。

三、仪表接线图、仪表面板设置图和系统接线图

1. 仪表接线图（如图 4-7-1 所示）

2. 仪表面板设置图（如图 4-7-2 所示）

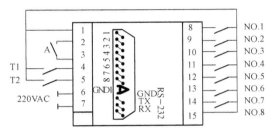

图 4-7-2　仪表背面接线图

注：其中 T1 为外接小音按钮，T2 为外接试验按钮，A 为仪表给出的继电器触点，NO.1～NO.8 为输入的 8 路信号。25P-D 信插座内的 1～8，GND1 为 OC 门输出，作为扩展口：A，B，GND 为 485 通信输出接口。

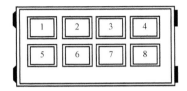

图 4-7-3　仪表面板设置图

注：其中 1～8 分别代表各输入通道相对应的报警发光泽块，1～4 为红色 LED 发光块，5～8 为绿色 LED 发光块或根据用户需要设置何种颜色发块。请接线时予以核对。

四、报警器操作

（1）按报警器系统接线图接线。（端子 1 为公用端）。

仪表内主电路板上有两组跳线"H/L"高/低电平报警选择端和跳线"1，2，3，4，5，6，7"地址设置端，以及跳线"8"功能选择端（位置如图 4-7-2 所示）。将跳线"8"置为"1"状态时：

1）若选择低电平报警有效时，将两个"L"跳线都闭合，两个"H"跳线都断开。

2）当输入信号全为断开（高电平 H）状态时，报警指示灯不亮，继电器不动作，外接讯响器不响，内部蜂鸣器不"鸣"。

3）当某一路或多个回路输入信号为接通（低电平 L）状态时，报警器显示窗相应的指示闪烁，机内继电器动作，通过外接讯响鸣示其动作报警，内部蜂鸣器鸣示。直到按下面板上或外接的消音按钮 CLR 后，继电器复原，外接讯响器停"鸣"。内部蜂鸣器停"鸣"，报警指示灯常亮。当该参数恢复正常后，报警指示灯灭。

（2）若选择高电平报警有效时，请将两个"H"跳线都闭合，两个"L"跳线都断开。其报警灯，内、外蜂鸣器，继电器动作与低报警时类似。

（3）在面板上安装的"试验"按键 TEST，若有一路处于非报警状态下，按下试验按钮，机内的继电器动作，非报警状态回路的报警指示灯闪烁，外接讯响器鸣示，且内部蜂鸣器鸣示，直到按下面板上或外接的"消音"按钮 CLS 后，继电器复原，外接讯响器停"鸣"，内部蜂鸣器停"鸣"，内部蜂鸣器停"鸣"。以此检测报警器内部软硬件工作是否正常。

（4）报警器通信地址设置（注：设置时应在关断仪表电源状态下进行）。

通过将跳线"1，2，3，4，5，6，7"设置为"0"或"1"来设置报警器通信地址。跳线"1，2，3，4，5，6，7"置"0"时代表数字为"0"，置"1"时仪表数字如图4-7-3所示。即：0+2+0+8+0+32+0=42

（5）仪表功能选择（注：上电前设置）如图4-7-4所示。

1）将跳线"8"置为"1"时

仪表对外接的报警信号进行数据采集，进行报警状态显示，通信时将报警状态数据送到上位机。

2）将跳线"8"置为"0"时

仪表不采集外接报警数据，通信时将上位机送来报警信号送至报警器进行报警状态显示。

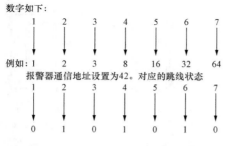

图4-7-4　报警器通信地址设置

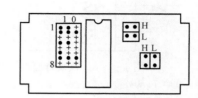

图4-7-5　仪表功能选择

思　考　题

（1）智能闪光信号报警器使用时应注意的问题？

（2）智能闪光信号报警器上、下限报警应如何确定？

（3）智能闪光信号报警器校验接线端子说明？

实训任务八　SWP光柱显示控制仪的设置与调校

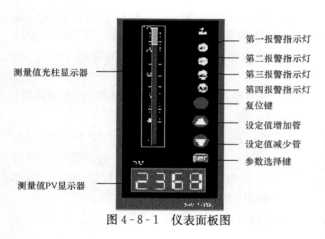

图4-8-1　仪表面板图

一、实训目的

（1）了解光柱显示控制仪工作原理。

（2）掌握光柱显示控制仪的接线。

（3）掌握光柱显示控制仪的调校。

SWP系列显示控制仪适用于种温度、压力、液位、速度、长度等的测量控制，外形如图4-8-1所示。采用微处理器进行数学运算，可对各种非线性信号进行高准确度的线性矫正。SWP系列光柱显示控制仪集数字测量显示和模拟测量显示于用数码LED显示，可精确地显示控制实时测量值；同时采用高准确度 100 线光柱显示，清晰直观的显示实时测量值。以方便直观的与其他测量参数进行比较。仪表面板如图 4-8-1 所示。

二、主要特点

1. 配用标准分度号温度传感器（见表 4-8-1）

表 4-8-1

分度号	分辨率（℃）	配用传感器	测量范围（℃）
B	1	铂 30BB-铂 6BB 铑	400～1800
S	1	铂 10B-B 铂	0～1600
K	1	镍铬-镍硅	0～1300
E	1	镍铬-康铜	0～1000
J	1	铁-康铜	0～1200
T	0.1	铜-康铜	−199.9～320.0
WRe	1	钨 3BB-钨 25BB	0～2300
Pt100	1	铂热电阻 R0B＝100B	−199～650
Pt100	0.1	铂热电阻 R0B＝100B	−199.9～320.0

2. 主要技术参数（见表 4-8-2）

表 4-8-2

标准信号的变化范围	输入阻抗（Ω）	配用变送器	测量范围
各种 mV 信号	≥10M		
0～10mA	≤500	霍尔变送器与 DDZ-Ⅱ型仪表配套与	
4～20mA	≤250	DDZ-Ⅲ型仪表配套与 DDZ-Ⅱ型仪表配套	根据用户需要自由设定。
0～5V	≥250		范围：−1999～9999 字
1～5V	≥250k	与 DDZ-Ⅲ型仪表配套	
30～350	≥250k	与远传压力电阻配套	

3. 操作方式（见表 4-8-3）

表 4-8-3

名称	内容
参数设定选择键	可以记录已变更设定值可以按序变换参数设定模式，可以变换显示或参数设定模式
设定值减少键	变更设定时，用于减少数值连续按压，将快速减少数值
设定值增加键	变更设定时，用于增加数值连续按压，将快速增加数值
复位（RESET）键	仪表手动自检（面板不标出）
测量值 PV 显示器	显示测量值在参数设定状态下，显示参数符号或设定值
测量值光柱显示器	显示测量值对应的百分比
（ALM1）（红）第一报警指示灯	第一报警 ON 时亮灯（四报警显示为红色）
（ALM2）（绿）第二报警指示灯	第二报警 ON 时亮灯（四报警显示为红色）

4. 二级参数设定

在仪表一级参数设定状态下，设定 CLK＝132 后，在 PV 显示器显示 CLK 的设定值（132）的状态下，同时按下 SET 键和▲键 30s，仪表即进入二级参数设定。在二级参数设定状态下，每按一次 SET 键即照下列顺序变换（一次巡回后随即回至最初项目）。

仪表二级参数列示见表 4-8-4。

表 4-8-4

参数	名称	设定范围（字）	说明
SL0	输入分度号	0～20	设定输入分度号类型
SL1	小数点	SL1＝0	无小数点
SL1	小数点	SL1＝1	小数点在十位（显示×××.×）
SL1	小数点	SL1＝2	小数点在百位（显示××.××）
SL1	小数点	SL1＝3	小数点在千位（显示×.×××）
SL2	第一报警	SL2＝0	无报警
SL2	第一报警	SL2＝1	第一报警为下限报警
SL2	第一报警	SL2＝2	第一报警为上限报警
SL3	第二报警	SL3＝0	无报警
SL3	第二报警	SL3＝1	第二报警为下限报警
SL3	第二报警	SL3＝2	第二报警为上限报警
SL2	第三报警	SL2.＝0	无报警
SL2	第三报警	SL2.＝1	第三报警为下限报警
SL2	第三报警	SL2.＝2	第三报警为上限报警
SL3	第四报警	SL3.＝0	无报警
SL3	第四报警	SL3.＝1	第四报警为下限报警
SL3	第四报警	SL3.＝2	第四报警为上限报警
SL4	冷补方式及光柱显示方式	SL4＝0	内部冷端补偿，光柱显示方式为线显示
SL4	冷补方式及光柱显示方式	SL4＝1	外部冷端补偿，光柱显示方式为线显示
SL4	冷补方式及光柱显示方式	SL4＝2	内部冷端补偿，光柱显示方式为点阵显示
SL4	冷补方式及光柱显示方式	SL4＝3	外部冷端补偿，光柱显示方式为点阵显示
SL5	闪烁报警	SL5＝0	无闪烁报警
SL5	闪烁报警	SL5＝1	带闪烁报警
SL6	滤波系数	1～10 次	设置仪表滤波系数防止显示值跳动
SL7	采样周期（频率输入时）	1～20s	设置频率输入时仪表每次采样的周期
SL7	报警功能	个位＝0 个位＝1～9 十位＝0 十位＝1	无报警延迟功能 报警后延迟（0.5×设定值）秒后输出报警信号 断线时有报警输出（继电器报警接点输出） 断线时无报警输出（仅闪烁报警，无继电器报警接点输出）

参数	名称	设定范围（字）	说明
DE	设备号	0～250	设定通信时本仪表的设备代号
bT	通信波特率	BT＝0	通信波特率为 300bit/s
bT	通信波特率	BT＝1	通信波特率为 600bit/s
bT	通信波特率	BT＝2	通信波特率为 1200bit/s
bT	通信波特率	BT＝3	通信波特率为 2400bit/s
bT	通信波特率	BT＝4	通信波特率为 4800bit/s
bT	通信波特率	BT＝5	通信波特率为 9600bit/s
Pb1	显示输入零点迁移	全量程	设定显示输入零点迁移量
KK1	显示输入量程比例	0～1.999 倍	设定显示输入量程放大比例
Pb2	冷端补偿零点迁移	全量程	以下已设定冷端补偿的零点迁移量，请勿更改
KK2	冷端补偿放大比例	0～1.999 倍	以下已设定冷端补偿的放大比例，请勿更改
Pb3	变送输出零点迁移	0～100%	设定变送输出零点迁移量
KK3	变送输出放大比例	0～1.999 倍	设定变送输出放大比例
OUL	变送输出量程下限	全量程	设定变送输出的下限量程
OUH	变送输出量程上限	全量程	设定变送输出的上限量程
PVL	闪烁报警下限	全量程	设定闪烁报警下限量程（测量值低于设定值时，显示测量值并闪烁，SL5＝1 时有此功能）
PVL	光柱显示下限	全量程	设定光柱显示的下限量程值（光柱表时有此参数）
PVH	闪烁报警上限	全量程	设定闪烁报警上限量程（测量值高于设定值时，显示测量值并闪烁，SL5＝1 时有此功能）
PVH	光柱显示上限	全量程	设定光柱显示的上限量程值（光柱表时有此参数）
SLL	测量量程下限	全量程	设定输入信号的测量下限量程
SLH	测量量程上限	全量程	设定输入信号的测量上限量程
SLU	测量小信号切除	0～100.0%	设定输入信号的小信号切除量（输入信号小于设定的百分比时，显示为 0，本功能仅在仪表带开方功能时有此参数）

注　①光柱显示：如测量量程为 0～100，当前测量值为 50，则光柱显示从 0～50 全亮。
　　②点阵显示：如测量量程为 0～100，当前测量值为 50，则光柱显示在 50 的一点亮。
　　③光柱显示量程：光柱显示量程为 PVL、PVH 设定量程的百分比。
　　④设定量程为 0～100，当前测量值为 50，则光柱显示为 50%。
　　⑤设定量程为 0～1000，当前测量值为 500，则光柱显示为 50%。
　　⑥设定量程为 0～2000，当前测量值为 1000，则光柱显示为 50%。

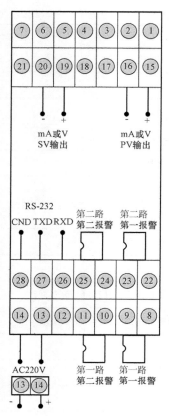

图 4-8-2 光柱仪接线图

三、光柱显示控制仪接线图（见图 4-8-2）

四、光柱显示控制仪调校步骤

1. 零位与满度的调整

（1）按调校图连接，接线经检查无误后通电预热 15min。

（2）将标准仪器（或手动电位差计或标准电阻箱）的信号调至被校仪表的下限信号，调整零位使数显仪表显示"000.0"。

（3）将标准仪器（手动电位差计或电阻箱）的信号调至被校仪表的上限信号（上限值见标注，信号值查分度表可得），调整量程电位器使仪表显示上限刻度值。

2. 示值调校

采用"输入被调校点标称电量值法"（即"输入基准法"），调校方法如下：

先选好调校点，调校点不应少于 5 点，一般应选择包括上、下限在内的 5 点。把选好的调校点及对应的标准电量值填入表中。

从下限开始增大输入信号（正行程时），分别给仪表输入各被调校点所对应的标准电量值，读取被校仪表指示值，直至上限（上限值只进行正行程的调校）。把在各调校点读取的值记入表中。

减小输入信号（反行程调校），分别给仪表输入各被调校点所对应的标准电量值，读取被校仪表显示值，直至下限（下限值只进行反行程调校）。把各实测值记入表格。对数字显示仪表而言虽然进行了正、反行程的调校。把在各调校点读取的值记入表中。

五、仪表调校记录（见表 4-8-5 和表 4-8-6）

表 4-8-5   实训用主要仪器、设备技术参数一览表

项目	被校仪表	标准仪器			
名称					
型号					
规格					
准确度					
数量					
制造厂					
出厂日期					

表 4-8-6   光柱显示控制仪实训数据记录表

输入	输入信号刻度分值	0%	25%	50%	75%	100%
	输入信号					

续表

	输出信号标准值					
输出	实测值	正行程				
		反行程				
误差	实测值	正行程				
		反行程				
	实测变差					
	实测基本误差					
	最大变差				结论：	
	实测准确度等级					

六、数据处理

（1）训练时一定要等现象稳定后再读数、记录，否则会给训练带来较大误差。

（2）运用正确的公式进行误差运算。

（3）整理实训数据并将结果填入表格。

思　考　题

（1）光柱显示控制仪参数设置时应注意哪些问题？

（2）简述光柱显示控制仪的应用场合？

（3）光柱显示控制仪应如何调校？

（4）光柱显示控制仪二级参数应如何设置？

实训任务九　LCD-R系列无纸液晶显示记录仪的设置与调校

一、实训目的

（1）了解无纸液晶显示记录仪工作原理。

（2）掌握无纸液晶显示记录仪的接线。

（3）学无纸液晶显示记录仪的调校。

LCD-R无纸记录仪表是一种智能化的多功能二次仪表外观见图 4-9-1，适合于对各种过程参量进行监测，控制，记录与远传。LCD-R无纸记录仪表在设计上吸纳了当今电脑结构思路：硬件上采用内带快闪存储器的新型微处理器，扩充了大容量的数据存储区，显示器采用大屏幕液晶图形显示板，软件上引入中文 Windows 的框架思路，并采用了数据压缩技术。准电脑化的结构，高度地体现了微处理器化仪表的优越性，成功地在体积仅 80mm × 160mm × 140 mm的壳体中集成了能存储最长达 365 天测量数据的功能无纸记录仪表。

图 4-9-1　LCD-R
无纸记录仪外观

二、仪表参数设定

1. 仪表面板配置（以横式仪表为例）（见表 4 - 9 - 1）

表 4 - 9 - 1 仪表面板配置

名称	内容
⊙ 小数点/返回键	设定参数时，用于移动小数点的位置 设定结束时，用于进入测量显示画面 测量显示时，配合"SET"键可进入组态菜单页
F1	测量显示时，用于不同通道之间显示画面的切换 同一画面显示内容切换
F2	测量显示时用于切换自动翻屏显示和手动翻屏显示两种状态
SET 确认键	选择菜单时，用于确认菜单中的选择项 修改参数时，用于确认新设定的参数值 画面显示时，配合⊙键可进入组态菜单页 显示历史数据时，用于确认下一步要修改追忆时间
▼ 光标下移键	选择菜单时，用于光标下移 修改参数时，用于减少光标指定处的数值 测量显示时，用于不同类型的通道切换 修改追忆时间时，用于减少光标指定处的时间值
▲ 光标下移键	选择菜单时，用于光标上移 修改参数时，用于增加光标指定处的数值 需要打印时，用于给出手动打印指令 修改追忆时间时，用于增加光标指定处的时间值
◀ 光标左移键	选择菜单时，用于光标左移 设定参数时，用于光标左移 修改追忆时间时，用光标左移 显示历史数据时，用于从当前时间向后搜索追忆时段 向前搜索追忆时段过程中，用于停止搜索
▶ 光标右移键	选择菜单时，用于光标右移 设定参数时，用于光标右移 修改追忆时间时，用光标右移 追忆历史数据时，用于从当前时间向前搜索追忆时段 向后搜索追忆时段过程中，用于停止搜索

2. 仪表操作方法

(1) 正确的接线。

仪表卡入表盘后，请参照仪表随机接线图接妥输入、输出及电源线，并请确认无误。

(2) 仪表的上电（如图 4 - 9 - 3）。

本仪表无电源开关，接入电源即进入工作状态。

(3) 仪表开锁（如图 4 - 9 - 4）。

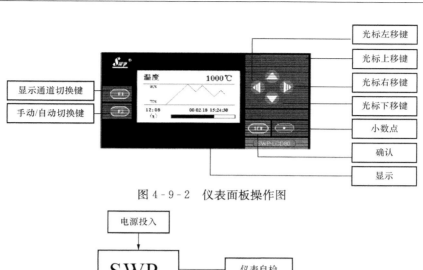

图 4-9-2　仪表面板操作图

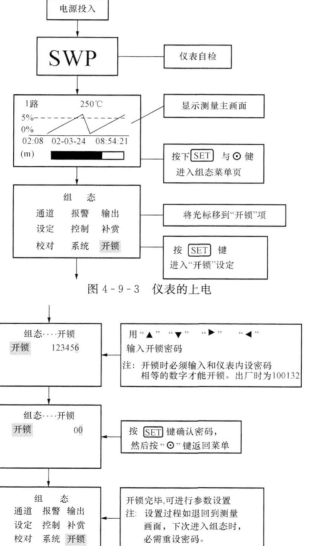

图 4-9-3　仪表的上电

图 4-9-4　仪表开锁程序

3. 仪表参数设置（如图 4-9-5 所示）

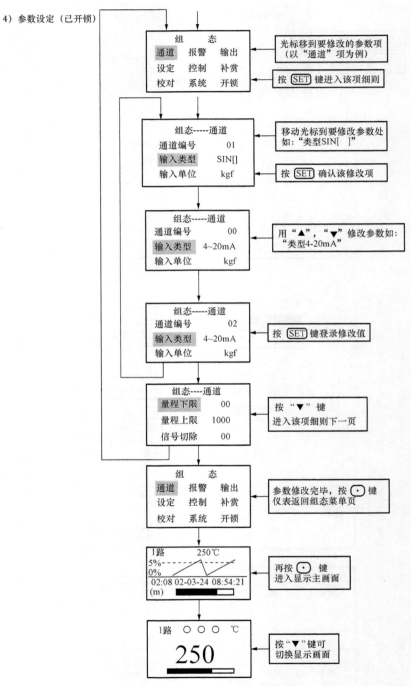

图 4-9-5　仪表参数设置

（1）主参数设置（见表4-9-2）

表4-9-2　　　　　　　　　　　　主　参　数　设　置

名称	设定范围	说明	出厂预置值
密码	0～999999 字	仪表的参数内设密码	100132
日期	（公元）年，月，日	实时日期	实时日期
时间	时，分，秒	实时时间	实时时间
冷补方式	内/外补偿	选择热电偶冷端内/外补偿	内补偿
冷补零点	－9999.9～999999 字	冷端补偿的实际零点值	0
冷补比例	－9999.9～999999 字	冷端补偿电路的斜率	1
设备地址	1～255	仪表通信时的地址编号	1
波特率	150～19200bps	通信口数据传送的速率	4800
打印机	AS，AS-D，TS，TS-D	选择打印机型号	打印方式
定时打印	0～2000min	定时打印间隔	0
报警打印	ON/OFF	ON：报警打印　OFF：不打印	OFF
记录间隔	1～240s	数据记录时间间隔	6s
路径名称	00：1路　01：温度 02：压力　03：流量 04：液位　05：其他	赋予第一输入通道测量值的名称	按订货要求
路径名称	00：2路　01：温度 02：压力　03：流量 04：液位　05：其他	赋予第二输入通道测量值的名称	按订货要求
路径名称	00：3路　01：温度 02：压力　03：流量 04：液位　05：其他	赋予第三输入通道测量值的名称	按订货要求

（2）报警参数设置（见表4-9-3）

表4-9-3　　　　　　　　　　　　报　警　参　数　设　置

名称	设定范围	说明	出厂预置值
报警通道	01	设置第一报警通道（不可修改）	01
输入通道	1～3	该报警对应的输入通道（≤3路）	01
报警类型	NO：无，AL：下限，AH：上限	报警类型	AL
报警值	－9999.9～999999 字	报警点设定值	50
报警回差	－9999.9～999999 字	报警点回差值	0
报警通道	02	设置第二报警通道（不可修改）	02
输入通道	1～3	该报警对应的输入通道（≤3路）	01

（3）通道参数设置（见表4-9-4）

表4-9-4　　　　　　　　　　　通 道 参 数 设 置

名称	设定范围	说明	出厂预置值
输入通道	03	设置第三输入通道参数（不可修改）	02
输入类型	见输入类型表	输入信号类型	4～20mA
输入单位	见工程单位表	显示值的工程单位	℃
量程下限	－9999.9～999999字	量程下限值	0
量程上限	－9999.9～999999字	量程上限值	1000
信号切除	0～100%	小信号切除百分比值	0
棒下限	－9999.9～999999字	显示下限值	0
棒上限	－9999.9～999999字	显示上限值	1000

注　仪表输入通道1和通道2可切换，通道3只能输入电流或电压。

（4）仪表参数设置实例（如图4-9-6～图4-9-10所示）。

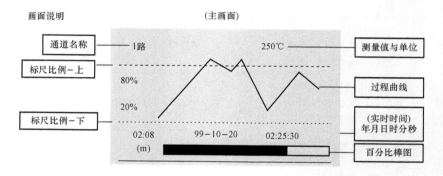

图4-9-6　参数设置实例1

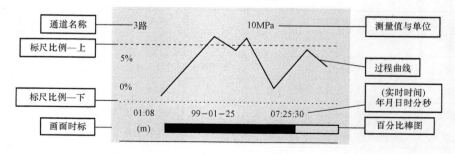

图4-9-7　参数设置实例2

①画面时标02：08表示整个画面显示的时间长度为2分钟零8秒。

②画面中，标尺的比例会自动根据过程曲线的波动幅度而调整使得仪表在有限的分辨率下达到尽可能高的显示准确度。

按▼键由主画面转到通道显示画面

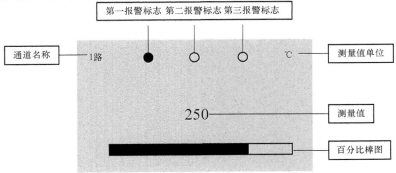

按F1键出现以下画面

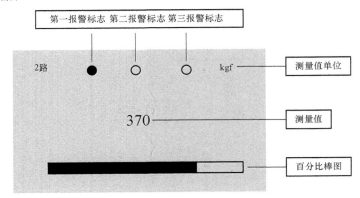

图 4-9-8　参数设置实例 3

注：以上画面中的测量主体及通道名称，是由"系统"组态中的"路 1 名称"，"路 2 名称""路 3 名称"的数值来定义其显示的字符。

按F1键出现以下画面

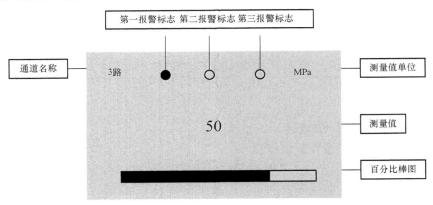

图 4-9-9　参数设置实例 4（一）

按F1键出现以下画面

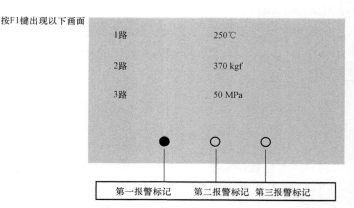

1路	250℃
2路	370 kgf
3路	50 MPa

第一报警标记　　第二报警标记　第三报警标记

图 4 - 9 - 9　参数设置实例 4（二）

注：以上的第一、二、三报警可根据用户需要，任意定义其中任何一个报警所对应（一、二、三）输入通道中的任何一个通道，可任设上限或下限报警。

●表示继电器动作（报警）　　○表示继电器不动作（不报警）

按▼键转到历史记录数据追忆画面

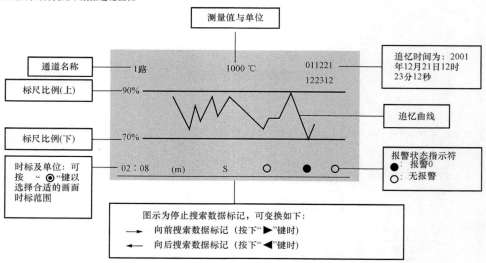

图 4 - 9 - 10　参数设置实例 5

三、仪表调校接线图（如图 4 - 9 - 11 所示）

四、无纸液晶显示记录仪调校步骤

1. 零位与满度的调整

（1）按调校图连接，接线经检查无误后通电预热 15min。

（2）将标准仪器（或手动电位差计或标准电阻箱）的信号调至被校仪表的下限信号，调整零位使数显仪表显示"000.0"。

（3）将标准仪器（手动电位差计或电阻箱）的信号调至被校仪表的上限信号（上限值见标注，信号值查分度表可得），调整量程电位器使仪表显示上限刻度值。

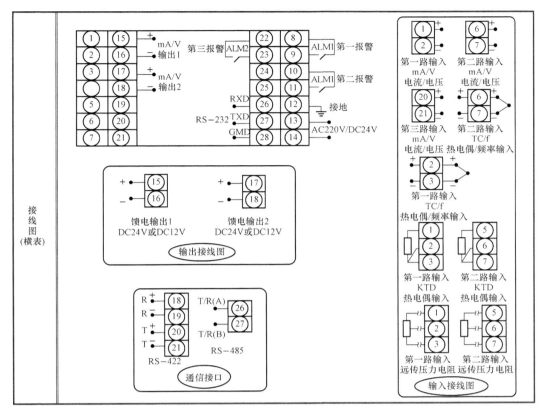

图 4 - 9 - 11　仪表调校接线图

2. 示值调校

采用"输入被调校点标称电量值法"（即"输入基准法"），调校方法如下：

先选好调校点，调校点不应少于 5 点，一般应选择包括上、下限在内的 5 点。把选好的调校点及对应的标准电量值填入表中。

从下限开始增大输入信号（正行程时），分别给仪表输入各被调校点所对应的标准电量值，读取被校仪表指示值，直至上限（上限值只进行正行程的调校）。把在各调校点读取的值记入表中。

减小输入信号（反行程调校），分别给仪表输入各被调校点所对应的标准电量值，读取被校仪表显示值，直至下限（下限值只进行反行程调校）。把各实测值记入表格。对数字显示仪表而言已然进行了正、反行程的调校。把在各调校点读取的值记入表中。

五、仪表调校记录（见表 4 - 9 - 5、表 4 - 9 - 6）

表 4 - 9 - 5　　　　　　　　实训用主要仪器、设备技术参数一览表

项目	被校仪表	标准仪器		
名称				
型号				
规格				

续表

项目	被校仪表	标准仪器			
准确度					
数量					
制造厂					
出厂日期					

表 4 - 9 - 6　　　　　　　　　　　**记录仪基本误差测试记录表**

输入	输入信号刻度分值	0%	25%	50%	75%	100%
	输入信号					
输出	输出信号标准值					
	实测值　正行程					
	实测值　反行程					
误差	实测值　正行程					
	实测值　反行程					
	实测变差					
	实测基本误差					
	最大变差				结论:	
	实测准确度等级					

六、数据处理

（1）训练时一定要等现象稳定后再读数、记录，否则会给训练结果带来较大误差。

（2）运用正确的公式进行误差运算

（3）整理实训数据并将结果填入表格

思 考 题

（1）无纸液晶显示记录仪使用时应注意的问题？

（2）无纸液晶显示记录仪的设置步骤？

（3）无纸液晶显示记录仪的报警通道如何设置？

项目五 常用传感器的应用与制作实训

实训任务一 温度传感器的应用与制作实训

任务 1 温度传感器的应用

1. 热敏电阻在汽车水箱温度测温中的应用

图 5-1-1 所示为汽车水箱水温监测电路。其中，R_t 为负温度系数热敏电阻，用于温度显示的表头为电磁式表头。由于汽车水箱水温测量范围小，准确度要求不高，所以电路十分简单。测温电路的连接为电源。

电源 → 开关 → 限流电阻 → 表头线圈

$$L_1 \left\{ \begin{array}{l} \to 热敏电阻\ R_1 \\ \to 表头线圈\ L_2 \end{array} \right. \to 接地（搭铁）$$

表 5-1-1 列出了不同温度时某轿车水温表的 R_t 值，以供参考。

2. 热敏电阻在空调器控制电路中的应用

热敏电阻在空调器中应用十分广泛，这里列举一种冷热双向空调中热敏电阻在空调器控制电路的应用，如图 5-1-2 所示。

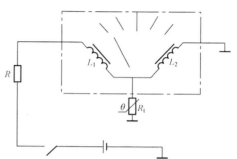

图 5-1-1 汽车水箱测温电路

表 5-1-1	不同温度时轿车水温表的 R_t 值			
水温（℃）	60	90	110	120
阻值 R_t（Ω）	217±30	86.7±11	51，−5～1.5	41 6，−4 6～5

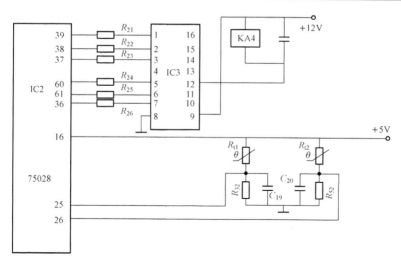

图 5-1-2 冷热双向空调中热敏电阻的应用

　　负温度系数的热敏电阻 R_{t1} 和 R_{t2} 分别是化霜传感器和室温传感器。室内温度变化会引起 IC2 阻值的变化，从而使 IC2 第 26 脚的电位变化。当室内温度在制冷状态低于设定温度或在制热状态高于设定温度时，IC2 第 26 脚电位的变化量达到能启动单片机的中断程序，使压缩机停止工作。

　　在制热状态运行时，除霜由单片机自动控制。化霜开始条件为−8℃，化霜结束条件为8℃。随着室外温度的下降，室外传感器 R_{t1} 的阻值增大，IC2 第 25 脚电位随之降低。在室外温度降低到−8℃时，IC2 的 25 脚转为低电平。单片机感受到这一电平变化，使 60 脚输出为低电平，继电器 KA4 释放，电磁四通换向阀线圈断电，空调器转为制冷循环。同时，室内外风机停止运转，不再向室内送入冷气。压缩机排出的高温气态制冷剂进入室外热交换器，使其表面凝结的霜溶化。化霜结束，室外热交换器温度升高到8℃，R_{t1} 的阻值减小到使 IC2 第 25 脚变为高电平，单片机检测到这一信号变化，则 IC2 的 60 脚重新输出高电平，继电器 KA4 通电吸合，电磁四通换阀线圈通电，恢复制热循环。

　　3. 晶体三极管温度传感器应用

　　NPN 型热敏晶体管在 I_c 恒定时，基极—发射极间电压 U_{be} 随温度变化曲线如图 5-1-3 所示，利用这种关系，可把温度变化转换成电压进行温度测量。图 5-1-4 所示为晶体管温度传感器的一种温度测量电路，温度每变化1℃，输出电压变化0.1V。

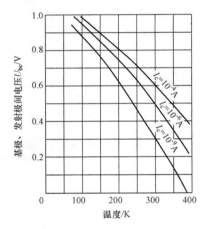

图 5-1-3　硅晶体管 U_{be} 与
温度之间的关系

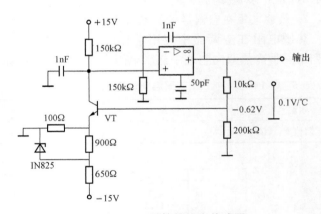

图 5-1-4　晶体管温度传感器
测量电路

　　4. AD590 集成温度传感器应用

　　AD590 是一种应用广泛的集成温度传感器，由于其内部具有放大电路，再配上相应的外电路，可方便地构成各种应用电路。

　　图 5-1-5 所示为一简单测温电路。AD590 在 25℃（298.2 K）时，理想输出电流为 $298.2\mu A$，但实际输出存在一定误差，可以在外电路中进行修正。将 AD590 串联一个可调电阻，在已知温度下调整电阻值，使输出电压 U_R 满足 1mV/K 的关系（如 25℃时，U_R 应为 298.2mV）。调整好后，固定可调电阻，即可由输出电压 U_T 读出 AD590 所处的热力学温度。

　　集成温度传感器还可用于热电偶参考端的补偿电路，如图 5-1-6 所示，AD590 应与热电偶参考端处于同一温度下。AD580 是一个三端稳压器，其输出电压 $U_0 = 2.5\mathrm{V}$。电路工作时，调整电阻 R_2 使得：

$$I_1 = t_0 \times 10^{-3}$$

上式 I_1 的单位为 mA，这样在电阻 R_1 上产生一个随参考端温度 t_0 变化的补偿电压 $U_1 = I_1 R_1$。

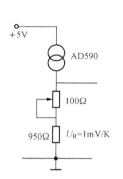

图 5-1-5　简单测温电路

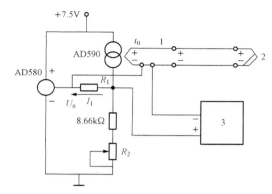

图 5-1-6　热电偶参考端补偿电路
1—参考端；2—测量端；3—指示仪表

若热电偶参考端温度为 t_0，补偿时应使 U_1 与 E_{AB}（t_0，0℃）近似相等即可。不同分度号的热电偶，R_1 的阻值也不同。这种补偿电路灵敏、准确、可靠和调整方便。

5. LM334 集成温度传感器应用

LM334 是一种三端电流输出型温度传感器，其输出电流与环境温度呈线性变化。用外加电阻 R_S 在 $2\mu\mathrm{A} \sim 5\mathrm{mA}$ 的范围内自由调节初始设定的电流 I_S。如果外加电阻为 R_S（即图 5-1-7 中的 R_9^*），则 25℃时设定电流为 $I_S = 67.7\mathrm{mV}/137\Omega$。

LM334 工作电压范围较宽，为 $0.8 \sim 40\ \mathrm{V}$，但工作电压高时，自身发热大，因此建议在低电压使用。图 5-1-7 所示为一种采用 LM334 的温度—频率转换电路。接在 LM334 的 R_S 电阻为 137Ω，由上述公式求得 25℃时，输出电流为 $494\mu\mathrm{A}$，R_S 为基准电阻，所以必须选用温度系数小的电阻。图 5-1-7 中，A1 的同相输入端电压是对 VD 电压进行分压，在这点上引出 LM334 与温度有关的电流，变为下拉电压，约为 2V，低于 VD 的阳极电位。A1 的反相输入侧的 R_6 与 R_{P1} 连接点电位比同相输入端高。另外，接在 A1 反相输入端的 R_{P2} 与 C_1 构成积分电路，使 C_1 负向充电，结果 A1 的输出电位随时间增长逐渐降低。

电路中，VT1 的基极接到 A1 输出与恒定电位（VD 阴极）的电阻分压点，发射极为恒定电位，若 A1 输出电位下降，则 VT1 的 U_{be} 增大到 0.6V 左右，VT1 和 VT2 导通，但因 VT1 和 VT2 互为触发连接，因此，VT1 和 VT2 截止之前，C_1 放电。

重复上述动作，A1 输出为锯齿波，但若 LM334 的输出电流因温度而变化，A1 的同相输入端电压也随之变化，等于积分电路输入电压变化，因此锯齿波的频率也改变。变化率为 $1:1$，因此，可进行温度—频率转换。

用 VT3 对 A1 输出的锯齿波的上升沿进行微分，由微分脉冲控制 VT3 通断，使 A1 输出的锯齿波变为方波。

调整时，首先使 LM334 位于 0℃，调整电位器 R_{P1}，使 A1 输出为 0Hz，即不振荡。再

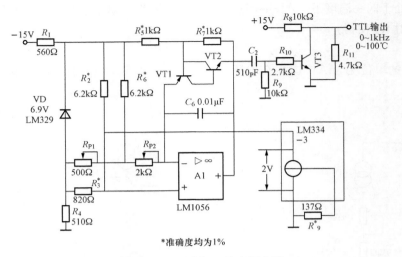

图 5-1-7　LM334 的应用电路

使 LM334 位于 100℃处，调整电位器 R_{P2} 使 A1 输出为 1kHz。反复调整多次，使两点都合乎要求，即调整完毕。此电路的分辨率为 0.1℃。

任务 2　制作训练

（1）掌握温度传感器原理与用途；

（2）查阅相关资料，熟悉温度传感器性能技术指标及其表示的意义；

（3）了解电冰箱温度超标指示器制作原理。

电冰箱冷藏室温度一般都保持在 5℃以下，利用负温度系数热敏电阻制成的电冰箱温度超标指示器，可在温度超过 5℃时，提醒用户及时采取措施。

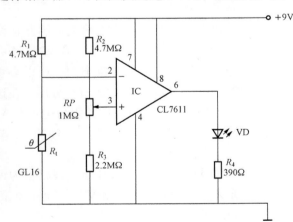

图 5-1-8　电冰箱温度超标指示器电路

电冰箱温度超标指示器电路如图 5-1-8 所示。电路由热敏电阻 R_t 和作比较器用的运算放大器 IC 等元件组成。运算放大器 IC 反相输入端加有 R_1 和热敏电阻 R_T 的分压电压。该电压随电冰箱冷藏室温度的变化而变化。在运算放大器 IC 同相输入端加有基准电压，此基准电压的数值为电冰箱冷藏室最高温度的预定值，可通过调节电位器 RP 来设定电冰箱冷藏室最高温度的预定值。当电冰箱冷藏室的温度上升，负温度系数热敏电阻 R_T 的阻值变小，加于运放 IC 反相输入端的分压电压随之减小。当分压电压减小至设定的基准电压时，运放 IC 输出端呈高电平，使 VD 指示灯点亮报警，表示电冰箱冷藏室温度已超过 5℃。

（4）制作过程。

利用制作印制电路板或利用面包板装调该电路，制作过程如下：

1）所用设备与元件：

①GL16 温度传感器 1 个；

②CL7611 运算放大器 1 个；

③VD 发光二极管 1 个；

④R_T 负温度系数热敏电阻 1 个；

⑤电阻 5 个；

⑥RP 电位器 1 个；

⑦9V 稳压电源 1 台。

2）连接线路：按图 5-1-8 电冰箱温度超标指示器电路原理图连接。

3）制作详细步骤：

①准备电路板和各种元器件，认识元器件。

②按电冰箱温度超标指示器电路原理图装配电路。

③电路装配后，接好 9V 稳压电源，使用万用表测量电路中各点电压。

④记录装配调试和测量电路实训过程与结果填入表 5-1-2 中。

表 5-1-2　　　　　　　　　　装配调试和测量电路结果

测试运算放大器各点实际电量值（mV）				实际输出温度（℃）			
1		4		1		4	
2		5		2		5	
3		6		3		6	
调校人：					年　月　日		
指导教师：					年　月　日		

⑤调节电位器 R_P 于不同值，观察和记录报警温度，进行电路参数和实验结果分析。

4）填写实训制作报告。

实训任务二　压力传感器应用与制作实训

任务 1　压力传感器的应用

1. 2S5M 压力传感器应用

图 5-2-1 所示为一种采用 2S5M 压力传感器的压力测量电路。运放 A1 构成恒流电路，流入传感器电流为 4 mA。这时，输出电压 U_S 为 12～39 mV，因此，测量电路中运放增益需要 11～250 倍。

2S5M 传感器的失调电压为 -7.8mV。可在 2S5M 的 1 与 6 脚间接 50Ω 电位器调失调电，如果失调电压偏到负侧（-10mV），在 6 脚再串接 10Ω 电阻即可。

2. 自动压力供水装置应用

自动压力供水装置的结构如图 5-2-2 所示。锅炉中的水由电磁阀控制流出与关闭，电磁阀的打开与关闭则受控于控制电路。当用水者打水时，需将铁制的取水卡从投放口投入，取水卡沿非磁性物质制作的滑槽向下滑行，当滑行到磁传感部位时，传感器输出信号经控制电路驱动电磁阀打开，让水从水龙头流出。经延时一定时间后，控制电路使电磁阀关闭，水

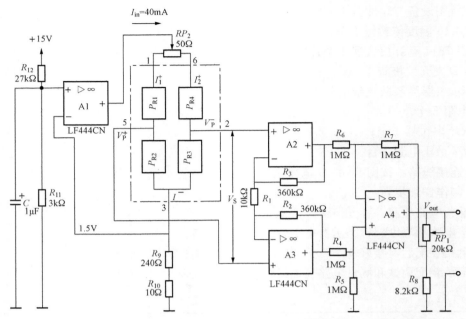

图 5-2-1 采用 2S5M 的压力测量电路

流停止，又恢复到停止供水状态。

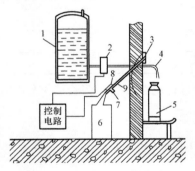

图 5-2-2 自动压力供水装置

1—锅炉；2—电磁阀；3—投卡口；
4—水龙头；5—水瓶；6—收卡箱；
7—磁铁；8—磁传感器；9—滑道

自动压力供水装置电路如图 5-2-3 所示。它主要由磁传感器装置单稳态电路、固态继电器、电源电路及电磁阀等组成。磁传感装置由磁铁及 SL-3020 霍尔开关集成传感器构成。平时，SL-3020 传感器因空气隙的存在受磁铁磁场的作用较小，输出为低电平，晶体管 VT1 处于截止状态，由 IC1 组成的单稳态电路复位，IC1 的输出端 3 脚输出低电平，固态继电器 SSR 由于无控制电流而处于常开状态，电磁阀 Y 断电而关闭，水龙头无水流出。单稳态电路在复位状态时，IC1 内部将电容 C_2 短路。

当取水者投入铁制的取水牌时，取水牌沿滑槽迅速下滑，在通过磁传感装置时，铁制取水牌将磁铁的磁力线短路，SL3020 传感器受较强磁场的作用输出为高电平脉冲，经晶体管 VT1 反相后触发单稳态电路翻转进入暂稳状态。此时 IC1 的 3 脚输出为高电平，固态继电器 SSR 由于电流流通而闭合，电磁阀 Y 通电工作，自动开阀放水。单稳态翻转后，IC1 内部电路将 C2 原短路状态释放，C2 通过 RP_1 和 R_4，开始充电。当 C_2 上的电位充电到 IC1 的阈值电压时，触发单稳态电路又翻转复位，IC1 输出端第 3 脚又恢复到低电平，固态继电器 SSR 断开，电磁阀 Y 断电关闭，水龙头自行停止出水，电路又恢复到平时状态。

单稳态电路每次由稳态翻转进入暂稳态状态的时间长短，也就是每次供水的时间长短，

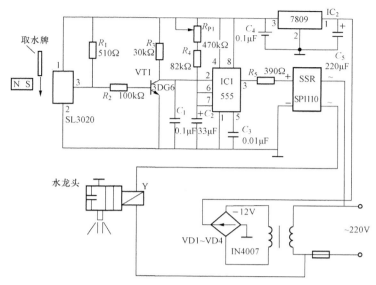

图 5-2-3 自动压力供水装置电路

该时间取决于 C_2、R_4、RP_1 的时间常数，调节 R_{P1} 可在 $3\sim20\mathrm{s}$ 范围内改变这一时间。C_1 和 C_3 中的旁路电容器，主要用来消除各种杂波的干扰。

任务2 制作训练

（1）掌握磁感应强度测量仪原理与用途。

（2）查阅相关资料，熟悉磁感应强度测量仪性能技术指标及其表示的意义。

（3）制作原理。

磁感应强度测量仪的电路如图 5-2-4 所示。磁传感器采用 SL3501M 霍尔线性集成传感器，其差动输出电压在磁感应强度为 0.1T 时是 1.4V。该测量仪的线性测量范围的上限为 0.3T。电位器 R_{P1} 用来调整表头量程，而 R_{P2} 则用来调零。电容器 C_1 是为防止电路之间的杂散交连而设置的低通滤波器。为防止电路引起自激振荡，

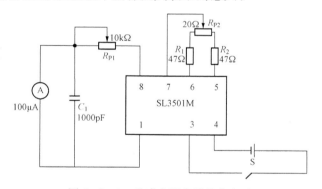

图 5-2-4 磁感应强度测量仪电路

电位器的引线不宜过长。使用时，只要使传感器的正面面对磁场，便可测得磁场的磁感应强度。

（4）制作过程。

制作印制电路板或利用面包板装调该电路，过程如下：

1）所用设备与元件：

①SL3501M 磁传感器 1 个；

②R_P 电位器 2 个；

③电流表 1 块；

④电阻 2 个、电容 1 个；

⑤开关 1 个；

⑥3V 稳压电源 1 台。

2）连接线路：按图 5-2-4 所示磁感应强度测量仪的电路连接。

3）制作详细步骤。

制作印制电路板或利用面包板装调该磁感应强度测量仪电路，并用该磁感应强度测量仪测量电线中流过的直流电流，过程如下：

①准备电路板、SL3501M 霍尔线性集成传感器和其他元器件，认识元器件；

②按磁感应强度测量仪的原理电路装配调试；

③将 SL3501M 霍尔线性集成传感器靠近直流通电电线，测量电线周围的磁场强度。

④同时用电流表测量电流值，对测量所得的磁场强度与电流值的对应关系进行定标。

⑤记录实训过程和结果。

4）填写实训报告并扩展该电路见表 5-2-1。

表 5-2-1

测试运算放大器各点实际电量值（mV）		实际输出温度（℃）	
1	4	1	4
2	5	2	5
3	6	3	6
调校人：		年　　月　　日	
指导教师：		年　　月　　日	

实训任务三　光传感器应用与制作实训

任务 1　光传感器应用

1. 自动照明灯应用

自动照明灯广泛应用于医院、学生宿舍及公共场所。它白天不会亮而晚上自动亮，电路如图 5-3-1 所示。图中，VD 为触发二极管，触发电压约为 30 V。

白天，光敏电阻的阻值低，其分压低于 30V（A 点），触发二极管截止，双向晶闸管无触发电流，呈断开状态。

晚上天黑时，光敏电阻阻值增加，A 点电压大于 30 V，触发极 G 导通，双向晶闸管呈导通状态，电灯亮。R_1 和 C_1 电路为保护双向晶闸管的电路。

2. 光电式数字转速表应用

图 5-3-2 所示为光电式数字转速表的工作原理。图 5-3-2（a）是在电动机的转轴上涂上黑白相间的两色条纹，当电动机的转轴转动时，反光与不反光交替出现，

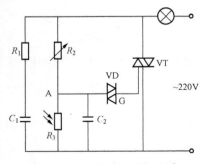

图 5-3-1　自动照明灯电路

所以光敏元件间断的接收光的反射信号，输出电脉冲。再经过放大整形电路（见图5-3-3），输出整齐的方波信号，由数字频率计测出电动机的转速。图5-3-2（b）是在电动机轴上固定一个调制盘，当电动机转轴转动时将发光二极管发出的恒定光调制成随时间变化的调制光。同样经光敏元件接收，放大整形电路整形，输出整齐的脉冲信号，转速可由该脉冲信号的频率来测定。

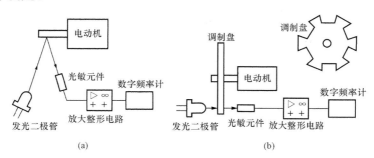

图5-3-2　光电式数字转速表工作原理

转速 n 与频率 f 的关系为

$$n = \frac{60f}{N}$$

式中：N 为孔数或黑白条纹数目。

光电脉冲放大整形电路如图5-3-3所示。当有光照时，光敏二极管产生光电流，使 R_{P2} 上压降增大到晶体管 VT1 导通，作用到由 VT2 和 VT3，组成的射极耦合触发器，使其输出 U_o 为高电位。反之，U_o 为低电位。该脉冲信号 U_o 可送到频率计进行测量。

任务 2　制作训练

（1）掌握光敏元件特性原理与用途。

（2）查阅相关资料，熟悉光敏元。

件性能技术指标及其表示的意义。

（3）制作原理。

在众多的光传感器中，技术最成熟且应用最广的是可见光和近红外光传感器，如CdS、Si、Ge、InGaAs 光传感器，已广泛应用于工业电子设备的光电子控制系统、光纤通信系统、雷达系统、仪器仪表、电影电视及摄影曝光等方面，为工业电子设备提供光信号检测、自然光检测、光量检测和光位检测。随着光纤技术的发展，近红外光传感器

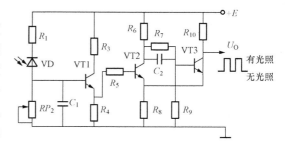

图5-3-3　放大整形电路原理

（包括 Si、Ge、InGaAs 光探测器）已成为重点开发的传感器，这类传感器有 PIN 和 APD 两大结构型。PIN 具有低噪声和高速的优点，但内部无放大功能，往往需与前置放大器配合使用，从而形成 PIN＋FET 光传感器系列。APD 光传感器的最大优点是具有内部放大功能，这对简化光接收机的设计十分有利。高速、高探测能力和集成化的光传感器是这类传感器的发展趋势。

由于光敏元件品种较多，性能差异较大，为方便选用列表 5-3-1 以供参考。

（4）熟悉表 5-3-1 所列光敏元件性能技术指标及其表示的意义。

（5）制作过程。

测光文具盒电路如图 5-3-4 所示。学生在学习时，如果不注意学习环境光线的强弱，很容易损坏视力。测光文具盒是在文具盒上加装测光电路，因此，它不但有文具盒的功能，又能显示光线的强弱，可指导学生在合适的光线下学习，保护视力。

表 5-3-1　　　　　　　　　　光敏元件特性对比

类别	灵敏度	暗电流	频率特性	光谱特性	线性	稳定性	分散度	测量范围	主要用途
光敏电阻器	很高	大	差	窄	差	差	大	中	测开关量
光电池	低	小	中	宽	好	好	小	宽	测模拟量
光敏二极管	较高	大	好	宽	好	好	小	中	测模拟量
光敏三极管	高	大	差	较窄	差	好	小	窄	测开关量

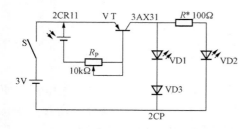

图 5-3-4　测光文具盒电路

制作印制电路板或利用面包板装调该电路，过程如下：

1）所用设备与元件：

①2CR11 硅光电池作为测光传感器，1 个；

②VD 发光二极管，2 个；

③VT 晶体三极管，1 只；

④普通二极管，1 个；

⑤电位器，1 个；电阻，1 个；

⑥3V 稳压电源，1 台。

2）连接线路：按图 5-3-4 连接测光文具盒电路。

3）制作详细步骤：

①准备电路板、2CR11 硅光电池（作为测光传感器）和其他元器件，认识元器件；

②将测光文具盒的 2CR11 硅光电池，安装在文具盒的面上，利用直接感受光的强弱原理进行装配调试；

③采用两个发光二极管作为光照强弱的指示；

④当光照度小于 100lx 较暗时，光电池产生的电压较低，晶体管 VT 压降较大或处于截止状态，两个发光二极管都不亮；

⑤当光照度在为 100～200lx 时，发光二极管 VD2 点亮，表示光照度适中；

⑥当光照度大于 200lx 时，光电池产生的电压较高，晶体管 VT 压降较小，此时两个发光二极管均点亮，表示光照太强，为了保护视力，应减弱光照。

4）调试时可借助测光表的读数，调电路中的电位器 R_P 和电阻 R 使电路满足上述要求。

5）调电位器 RP 和电阻 R 再进行电路各点电压测量和测光实训结果分析比较。

6）填写实训报告并扩展该电路的用途，见表 5-3-2。

表 5-3-2　　　　　　　　　　实 训 结 果

测试运算放大器各点实际电量值（mV）		实际输出温度（℃）	
1	4	1	4
2	5	2	5
3	6	3	6
调校人：		年　月　日	
指导教师：		年　月　日	

实训任务四　气体、声音和湿度传感器应用与制作实训

任务 1　气体、声音和湿度传感器应用

1. 气体报警器

气体报警器可根据使用气体种类，安放在易检测气体泄漏的地方。这样就可以随时监测气体是否泄漏，一旦泄漏气体达到危险浓度，便自动发出报警信号。

图 5-4-1 所示为一种最简单的家用气体报警器电路。气体传感器采用直热式气敏器件 TGS109。当室内可燃气体增加时，由于气敏器件接触到可燃气体而使其阻值降低，流经测试电路的电流增加，可直接驱动蜂鸣器（HA）报警。

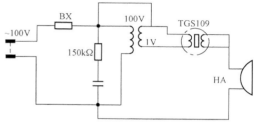

图 5-4-1　简易家用气体报警器电路

设计报警器时，重要的是如何确定开始报警的气体浓度。一般情况下，对于丙烷、丁烷或甲烷等气体，都选定在爆炸下限的 1/10。

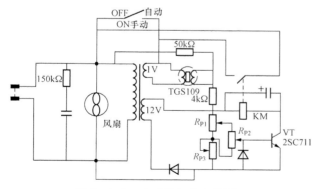

图 5-4-2　自动换气扇电路原理

2. 自动空气净化换气扇

利用 SnO_2 气敏器件，可以设计用于空气净化的自动换气扇。图 5-4-2 所示为一种自动换气扇的电路原理。当室内空气污浊时，烟雾或其他污染气体使气敏器件阻值下降，晶体管 VT 导通，继电器 KM 动作，接通风扇电源，可实现电扇自动启动，排放污浊气体，换进新鲜空气。当室内污浊气体浓度下降到希望的数值时，气敏器件阻值上升，VT 截止，继电器断开，风扇电源切断，风扇停止工作。

任务 2　制作训练

（1）掌握湿敏、气敏传感器原理与用途。

（2）查阅相关资料，熟悉湿敏、气敏传感器性能技术指标及其表示的意义。

（3）酒精测试仪制作原理。

酒精测试仪的工作原理如图 5 - 4 - 3 所示。当气体传感器探头探不到酒精气体时，IC 集成电路第 5 脚为低电平。当气体传感器探头检测到酒精气体时，其阻值降低。工作电压 +5V 通过气体传感器加到 IC 集成电路第 5 脚，第 5 脚电平升高。IC 集成电路共有 10 个输出端，每个端口驱动一个发光二极管，依此驱动点亮发光二极管，发光二极管点亮的数量视第 5 脚输入电平的高低而定。酒精含量越高，气体传感器的阻值就降得越低，第 5 脚电平就越高，发光二极管点亮的数量就越多。5 个以上发光二极管为红色，表示酒精含量在 0.05％ 以上超过安全水平。5 个以下发光二极管为绿色，表示酒精的含量不超过 0.05％，处于安全水平。

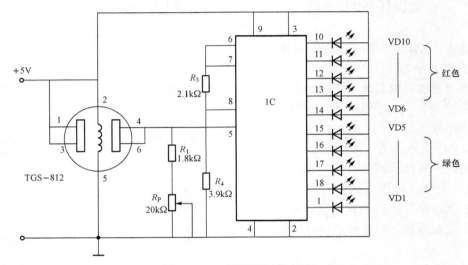

图 5 - 4 - 3　酒精测试仪电路

（4）酒精测试仪电路制作过程。

1）所用设备与元件：

①TGS－812 型气体传感器，1 个；

②NSC 公司的 LM3914 系列 LED 点线显示驱动集成电路，1 块；

③VD 发光二极管，10 个（VD1～VD5 为绿色、VD6～VD10 为红色）；

④电位器，1 个；

⑤电阻，3 个；

⑥5V 稳压电源，1 台。

2）连接线路：按图 5 - 4 - 3 所示的酒精测试仪电路连接。

3）制作详细步骤。

酒精测试仪电路如图 5 - 4 - 3 所示。只要被测试者向传感器探头吹一口气，便可显示出酒精的程度，确定被测试者是否还适宜驾驶车辆。

图 5 - 4 - 3 中，气体传感器选用 TGS－812 型，它不光对酒精敏感，对一氧化碳也很敏感，对一氧化碳敏感，常被用来探测汽车尾气的浓度。

①装配该酒精测试仪电路，其中 IC 可选用 NSC 公司的 LM3914 系列 LED 点线显示驱动集成电路，也可以选用 AEG 公司的 V237 系列产品，但两者引脚排列不相同。

②改变电位器 R_P 的阻值，调整灵敏度。

③将该酒精测试仪用于其他气体的检测。

④将 IC 集成电路的第 6 脚信号引出，经放大后接蜂鸣器。当酒精的含量超过 0.05%时，蜂鸣器便发出警报。

⑤填写实训报告并扩展该电路的用途。

任务 3　制作训练

（1）掌握声音传感器原理与用途。

（2）查阅相关资料，熟悉声音传感器性能、技术指标及其表示的意义。

（3）坐火车时观察火车迎面交会，汽笛声音的频率由低到高再到低的变化情况，感受声音频率的多普勒效应。

（4）敲击防盗报警器制作原理。

敲击防盗报警器如图 5-4-4 所示。报警器由声音传感器、555 集成电路、继电器和报警器组成。当有人敲击时，声音传感器将输出一串脉冲信号，该信号送入 555 集成电路第 2 脚触发其翻转，其第 3 脚输出高电平使继电器吸合，接通报警器工作。R_3 及 C_2 为报警时间长短延时电路；R_1 调节灵敏度，阻值大时，灵敏度高。

（5）敲击防盗报警器电路制作过程。

1）所用设备与元件：

①报警器由声音传感器，1 个；

②555 集成电路，1 个；

③继电器，1 个，报警器，1 个；

④电容，3 个；

⑤电阻，3 个；

⑥5～18V 稳压电源，1 台。

2）连接线路：按图 5-4-4 所示敲击防盗报警器连接电路。

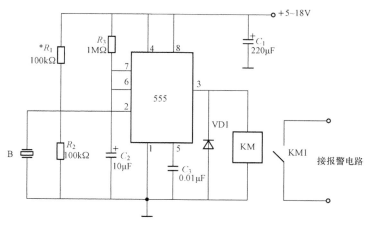

图 5-4-4　敲击防盗报警器

3）制作详细步骤：

①装配该防盗报警器电路；

②声音传感器可用驻极体话筒代用，继电器和报警器可改用指示灯或发光二极管报警；

③改变电阻、电容值，调整报警延时时间和报警灵敏度；

④选用其他传感器扩展该电路。

⑤填写实训报告并扩展该电路的用途，见表5-4-1。

表 5-4-1

测试运算放大器各点实际电量值（mV）			实际输出温度（℃）		
1		4	1		4
2		5	2		5
3		6	3		6
调校人：				年　　月　　日	
指导教师：					年　　月　　日

实训任务五　各种传感器报警电路制作

在学习了传感器与自动检测技术的相关内容后，本任务安排了各种传感器报警电路制作课题，以便读者进行拓展性学习，提高动手操作能力及对本课程学习的兴趣，掌握传感器与自动检测技术方面的技能。

任务1　液位传感器制作的盆花缺水告警器

在家里养花，及时地给盆中花卉浇水是一件非常重要的事情。而有的人往往由于这样或那样的事情经常将浇花之事忘在脑后，致使花木枯死。盆花缺水告警器能够在花盆土壤过分干燥时发出声响，以提醒主人尽快给花卉浇水。

1. 传感器选用

探头：两根粗铜丝。

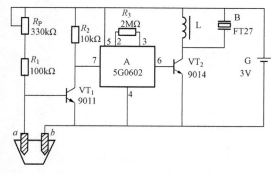

图 5-5-1　盆花缺水告警器

2. 电路原理

盆花缺水告警器的电路如图5-5-1所示，它主要由报警集成电路A和电子开关管 VT_1 等组成。VT_1 的基极偏压由 R_P、R_1 和土壤电阻对电源G的分压所确定。平时盆花不缺水时，置入盆花泥土内的 a、b 探头所检测出的土电阻较小，VT_1 因基极电压 <0.7V而截止，A的控制端第7脚为高电平，故A内部电路不工作，蜂鸣器B无声。

如果盆花缺水，探头 a、b 检测到的土电阻就会增大许多，VT_1 获得合适偏压而导通，A因第7脚得到低电平控制信号而工作，其第6脚输出三种频率重复变化的脉冲信号，经 VT_1 功率放大后，驱动B发出悦耳的告警声。浇水后，音响自行停止。

3. 元器件选择与制作

A选用国产5G0602型报警专用集成电路。VT_1、VT_2 用9014或3DG8型硅NPN三极管，要求其 β 值分别在 150 和 80 以上。R_P 用 WH7 型微调电阻器。$R_1 \sim R_3$，用 RTX-1/8W 型碳膜电阻器。L 用 LG2-22mH 型固定磁芯电感器。B 用 FT27 或 HTD27A-1 型压电陶瓷片，要求带有简易助声腔。G 用两节 5 号干电池串联而成。

探头 a、b 选用 80mm 的两根粗铜丝或不锈钢丝，相间 50mm 左右插入花盆泥土中。为防止位置变动，可用塑料块或有机玻璃块进行固定。除探头外，其余元器件都安装在一个尺寸仅 55mm×55mm×20mm 的绝缘小盒内。

本机调试很简单：在盆花缺水时，通过调节 R_P 阻值或改变探头插入泥土的深度及间距，使 BC 处于临界不发声状态即可。

任务 2　液位传感器制作的太阳能热水器水满报警器

太阳能热水器以其节能、安全、无污染等优点，逐渐为家庭和企事业单位广泛使用。但是，由于其水箱一般都安装在室外房顶上，水满是通过溢水管是否有水溢出来判断，发现有水溢出才关闭进水阀。这不仅多用了一根溢水管道，还容易造成水的浪费。这里介绍的太阳能热水器水满报警器，通过声响告知放水已满，省掉了溢水管。

1. 传感器选择

探头：粗漆包线或塑皮电线。

2. 电路原理

太阳能热水器水满报警器的电路见图 5-5-2，金属水箱外壳和水位电极 a 构成了水满探测电路。加水时闭合电源开关 S，由于 a、b 之间呈开路状态，VT_1 截止，A 无法通电工作，故扬言器 B 无声。当注入水箱的水达到限定容量时，水位与 a 电极接触，VT_1 通过 a 电极、水和水箱外壳，R 获得合适偏流导通，A 通电工作，其输出端第 2 脚输出约 1.5～3kHz 的音频信号，经 VT_2 功率放大后，驱动 BL 发出响亮的"嘟"声，告诉主人：水满了，快关进水阀！

3. 元器件选择与制作

A 选用 LC170 型讯响器专用报警集成电路。VT_1 用 9014 型硅 NPN 三极管，要求 $\beta>$ 50；VT_2 用 9012 型硅 PNP 三极管，要求 $\beta>100$。用 RTX-1/8W 碳膜电阻器。B 用 8Ω、0.25W 小口径动圈式扬声器。S 可用 CKB-1 型拨动开关。G 用两节 5 号干电池串联而成。

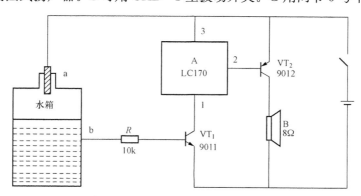

图 5-5-2　太阳能热水器水满报警器

整个报警器电路可焊装在一个塑料肥皂盒内。盒面板开孔固定 S，并为扬声器 B 开出放音孔。a 电极用一段粗漆包线或塑皮电线，将它从水箱溢水管口伸入水箱，注意既要固定牢靠、又要与水箱保持绝缘，要求水满后水面正好与其端头相接触。a、b（水箱外壳）通过双股软塑导线与室内告警器相连接。此报警器电路不用调试就能正常工作。

任务 3　液位传感器制作的婴儿尿床声光告知器

婴儿尿床声光告知器在婴儿排便后，能够发出声、光两种信号，惊动大人及时为"宝宝"更换尿布，使婴儿免遭尿泡屎湿之苦，有效防止了腌肛及尿布湿疹的发生。

1. 传感器

探头：平行（间距≤20mm）粗漆包线或塑皮电线。

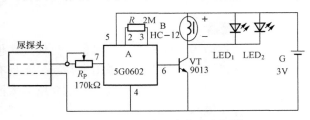

图 5-5-3　婴儿尿床声光告知器

2. 电路原理

婴儿尿床声光告知器的电路见图 5-5-3，在婴儿未尿床时，尿探头两电极间断路，A 的控制端第 7 脚通过内部上拉电阻接高电平，A 内部振荡器停振，分频器清零，第 6 脚输出为零，故声光电路不工作。一旦探头检测到婴儿的便液时，由于尿里含电解质能够导电，相当于在探头电极间接入了一个几千欧姆的电阻，使得 A 的第 7 脚通过灵敏度调节电位器 R_P 和尿电阻获得低电平，A 内部电路工作，从第 6 脚输出三种频率重复变化的脉冲信号，经 VT 功率放大后，驱动 B 发声、LED_1 和 LED_2 闪光。

3. 元器件选择与制作

A 选用 5G0602 型报警专用集成电路。VT 用 9013 型硅 NPN 三极管，要求 $\beta > 100$。LED_1、LED_2 可用 $\phi 5mm$ 普通红色发光二极管，要求两管参数尽量保持一致。R_P 可用 WH7 型微调电阻器。R 用 RTX-1/8W 型碳膜电阻器。B 用 HC-12 型微型电磁讯响器，其特点是发声效率高、体积（$\phi 12 \times 8.5mm$）小巧。G 用两节 5 号干电池串联供电。

整机可装入一个塑料玩具小白兔体内。B 用环氧树脂粘固在兔嘴里，LED1、LED2，则分别镶嵌在兔的双眼内。尿探头通过 1m 长的双股软塑导线引出兔体外。尿探头须自制：在一块 70mm×40mm 见方的塑料片上，平行（间距≤20mm）穿入剥去塑皮的两根多股细铜线即成。因电路静态耗电 $<3\mu A$，故无须设置电源开关。

使用时，应将尿探头夹入双层尿布中最易感受到尿液的地方；报尿后，用干布吸去探头上的尿液，则电路自动停止声光告警。

任务 4　频率传感器制作的防走失提醒器

大人带着小孩出去游玩，恐怕最担心的就是小孩走失。小孩防走失提醒器可以有效地解决这一问题。该装置由调频发射器和接收告知器组成，将发射器放入小孩的口袋里，接收器由大人拿着，当小孩离开大人距离超过 5~10m 时，接收器便发出报警声，提醒大人注意，防止小孩走失。

1. 传感器选择

探头：天线。

2. 电路原理

发射器电路见图 5-5-4。由 A_1 第 2 脚输出的 1.5~3kHz 音频振荡信号，经 C_1 耦合至 VT_1 等组成的高频振荡电路，进行调频，被调制的高频信号由 L_1 直接辐射到周围空间去。

高频电路的工作频率范围在 $82 \sim 108\mathrm{MHz}$ 之间，频率主要由 C_3、L_1 决定。C_4 用以加宽频带和防止人体感应对频率的影响，实际使用证明，该元件必不可少。

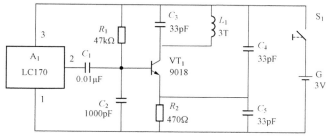

图 5-5-4　发射器

接收告警器电路见图 5-5-5。当 W 接收到发射器发来的信号时，A_2 第 2 脚输出低电平，A_3 无高电平触发信号不工作，B 无声。当小孩离开大人的距离超过 $5 \sim 10\mathrm{m}$ 时，天线 W 接收不到发射器发出的信号，A_2 第 2 脚输出变为高电平，A_3 被触发工作，其输出信号经 VT_2 功率放大后，推动 B 发出"呜喔、呜喔"告警声，提醒大人小孩已走远。

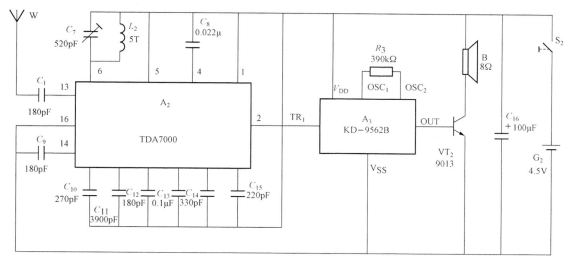

图 5-5-5　接收告警器

3. 元器件选择与制作

A_1 选用 LCl70 型讯响器专用集成电路，A_2 选用 TDA7000 型单片调频接收集成电路，A_3 选用 KD-9562B 型模拟声报警集成电路。VT1 用 9018 或 3DG80、3DG304 型硅 NPN 高频三极管，要求 $\beta \geqslant 100$；VT2 用 9013 或 3DGl2、3DK4 型硅 NPN 中功率三极管，要求 $\beta \geqslant 100$。$R_1 \sim R_3$ 均用 RTX-1/16W 型碳膜电阻器。$C_2 \sim C_6$、$C_9 \sim C_{12}$、C_{14}、C_{15}，均用 CC1 型高频瓷介电容器，C_1、C_8、C_{13} 均用 CTI 型低频瓷介电容器，C_7 用 5/20P 微调瓷介电容器，C_{16} 用 CD11-10V 型电解电容器。L1 用 $\varphi1\mathrm{mm}$ 漆包线在 $\varphi7.5\mathrm{mm}$ 铅笔上绕 3 匝后取下，L2 用 $\varphi0.51\mathrm{mm}$ 漆包线在 $\varphi5\mathrm{mm}$ 的钻头上绕 5 匝取下即成。W 用一根 $60 \sim 80\mathrm{cm}$ 软导线代替。B 用 $\varphi27 \times 9\mathrm{mm}$ 微型动圈式扬声器。S_1、S_2 用小型单刀单掷开关，如 KNX-1×1 型等。G1 用 3V 片状锂电池，以缩小发射器体积；G2 用三节 5 号干电池串联而成。

发射器电路焊装在塑料玩具挂表的表壳或普通小塑壳内，便于儿童随身携带。接收告警器焊接在一个塑料香烟盒内，外拖 W 软线。电路调试很简单：将发射器和接收告警器相距 1m 左右放置，分别闭合电源开关 S_1 和 S_2，此时 B 应发声；调节 C，使 B 停止发声即可。如果调 C_7 不能使 B 发声停止，可适当改变 L_1 间距或 C_3 容量试之。如果调好的机子拉大距离不足 5m 就报警，可在 VT_1 集电极接上 15pF 的瓷介电容器，并通过其外接一根 60～80cm 的软导线，作为增大发射信号的天线，则报警距离一定会拉大。

任务 5　磁传感器制作的防盗报警器

在一些可开关的门、窗、抽屉上安装这里介绍的磁控式防盗报警器，可对贵重物品和钱财起到保护作用。

1. 传感器

磁控开关：条形小磁铁，干簧管。

2. 电路原理

磁控式防盗报警器的电路见图 5 - 5 - 6，其核心器件是一块四声模拟声报警集成电路

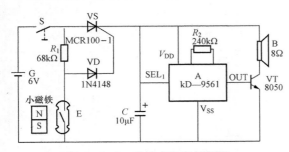

图 5 - 5 - 6　磁控式防盗报警器

KD—9561。现将第一选声端 SEL_1 接高电平 V_{DD}，因而能产生最能引起人们注意的警车电笛声响。把电路中的条形小磁铁置于门窗或抽屉边上，常开干簧管 E 安装在框边的对应处，则构成磁控开关。当门窗或抽屉处于关闭状态时，由于小磁铁紧靠 E，E 吸合，单向可控硅 VS 无触发电流而阻断，A 失电不工作，B 无声；一旦有人打开门窗或抽屉，小磁铁就会随移动的门窗或抽屉远离 E，E 内部两触依靠自身弹性跳开，VS 通过 R_1 和 VD 获得触发电流而开通，A 得电工作，B 即发出响亮的警报声。

VS 具有自保功能，被触发后将维持其导通状态，即使很快地关好门窗或抽屉，也无法阻止报警，唯有切断暗开关 S，方能使电路停报。C 是 A 的交流退耦电容不可省略，否则模拟声有可能不会形成，只发出"嗒、嗒"的响声。

3. 元器件选择与制作

A 用 KD - 9561 型四声模拟声报警集成电路，电源电压用 6V，目的是增大警报声响度，外接功放三极管 VT 建议用 PCM＝1W 的 8050 型 NPN 三极管，$\beta \geqslant 100$。B 用 YD100 - 1 型 8Ω、0.5W 电动式扬声器。采取上述措施，可以获得令人满意的报警音量。

VS 用小型塑封单向可控硅，如 MCR100 - 1 或 BT169、2N6565 型等。VD 用 1N4148 型硅开关二极管。R_1、R_2 均用 RTX - 1/8W 型碳膜电阻器。C 用 CD11 - 10V 型电解电容器。E 可选用 JAG - 3 型常开触点干簧管。小磁铁可用 F18 型（18×5×6.2rnm），亦可拆自磁性碰锁或废旧磁性铅笔盒。S 用 1×1 型拨动开关。S 置于被控物体外面某一隐蔽处，自己人出进或拉开抽屉时，需先将其断开，以免误报警。整个报警器静态时耗电≤88μA，用电很节省。

实际应用时，如果需要同时防护数扇门窗（或抽屉等），可在每扇门窗的边沿上都固定小磁铁，在对应框边上都固定一个干簧管，并用细导线将所有干簧管串联起来，再与报警电

路相接。这样，当其中一处或多处门窗被人打开时，报警器均会发出响亮的警笛声。

任务 6　光传感器制作的防盗报警器

光控式防盗报警器可放入抽屉或大衣柜里，如果室内有一定光线照度，当有人打开抽屉或大衣柜时，它便立即发出声响报警。

1. 传感器

光控开关：MD45 型光敏电阻器。

2. 电路原理

光控式防盗报警器的电路见图 5-5-7。A 与 R、VT$_1$、B 组成模拟警车电笛声音响发生器，R_L 与 VT$_2$ 组成光控开关。平时抽屉（或衣柜）关闭时，RL 无光照呈高电阻（阻值大于 $10M\Omega$），VT$_2$ 处于截止状态，A 断电不工作，B 无声；当抽屉拉开时，室内光线照到 R_L 上，使其电阻迅速下降（阻值小于 $100k\Omega$），VT$_2$ 即进入导通状态，A 通电工作，B 发出响亮的报警声。由于 A 的第一选声端 SEL，接高电平，故 B 发出的是"鸣—鸣"警笛声响。C 用来消除光控开关导通时的交流内阻，不可省略。

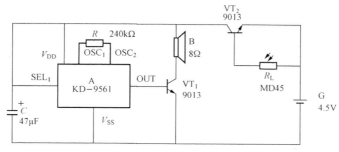

图 5-5-7　光控式防盗报警器

3. 元器件选择与制作

A 采用 KD-9561 型四声模拟声报警集成电路。VT$_1$、VT$_2$ 均采用 9013 或 3DX201、3DG12 型硅 NPN 中功率三极管，要求 $\beta \geqslant 100$。R_L 可用普通非密封型光敏电阻器，如 MD45 型等。R 用 RTX-1/8W 型碳膜电阻器。C 用 CD11-10V 型电解电容器。G 用三节 5 号干电池串联而成。B 用 8Ω、0.25W 小口径电动式扬声器。

VT$_1$、R 和 C 可直接焊在集成电路的小印制电路板上，R_L 需要巧妙安装，使它只要一打开抽屉便能良好地接受到外界光照。报警器可装入一塑料香皂盒内，电路不用调试便可工作。

任务 7　气敏传感器制作的煤气炉熄火报警器

本装置在煤气灶因故（水外溢或小火焰受风刮）熄火时，会发出响亮的报警声，提醒主人及时采取措施，以避免煤气大量外泄而发生恶性事故。

1. 传感器

光控开关：3DU 型硅光电三极管。

2. 电路原理

煤气灶熄火报警器的电路见图 5-5-8。当煤气正常燃烧时，VT$_1$ 受光照射而呈低阻状态，VT$_2$ 获得合适偏流饱和导通，与 VT$_2$ 集电极相接的 A 触发端处于低电位，A 不工作，扬声器 B 无声，一旦煤气灶因故而自行熄火，VT$_1$ 就会失去强光照射而内阻增大，VT$_2$ 退出饱和而趋于截止,其集电极由低电位转为高电位(实测>1.5V),A受触发而工作,B反复发出"叮—咚"声,提醒主人及时关闭煤气阀门或重新点燃灶火。

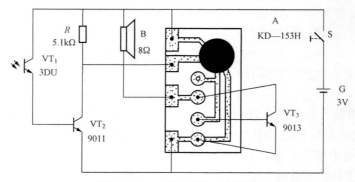

图 5-5-8　煤气灶熄火报警器

3. 元器件选择与制作

A选用 KD-153H 型"叮咚"门铃专用集成电路。VT$_1$选用 3DU 型硅光电三极管;VT$_2$选用 9011 或 3DG6、3DG201 型硅 NPN 三极管,要求 β>50;VT$_3$选用 9013 或 3DG12 型硅 NPN 中功率三极管,要求 β>100。R 用 RTX-1/8W 型碳膜电阻器。B 选用 8Ω、0.25W 小口径动圈式扬声器。S 是小型单刀单掷开关,G 用两节 5 号干电池串联而成。

整机安装在体积合适的绝缘小盒内。盒面板固定安装电源开关 SA,并分别开出 VT$_1$ 受光窗口和扬声器释音孔。为减小外来光线对报警器的干扰,可在光电三极管的前方加一块照相机镜头用的红色滤光片。

使用时,将 VT$_1$ 对准炉火,距离约 40cm 左右,并合上电源开关 S;当煤气灶自行熄火时,B 便发出音响,从而起到报警作用。

任务 8　温度传感器制作的高精度温度报警器

这里介绍的温度报警器具有升温报警和降温报警两种功能。由于采用了电接点水银温度计和专用报警集成电路,具有测温直观准确、静态功耗低和使用元器件少等特点,可广泛应用在工农业生产和科学实验中。

1. 传感器

WXG 为可调式电接点玻璃水银温度计。

2. 电路原理

高精度温度报警器的电路见图 5-5-9。WXG 为可调式电接点玻璃水银温度计,它既是温度测量计,又是报警电路的温度控制触发开关,其控温精度一般高达±0.1℃。A 和 R$_2$、VT、B、LED 等构成了声光报警电路。ST1-1、ST1-2 为升、降温报警功能选择开关 S$_2$ 为电源开关。

当 ST1-1 拨向位置"1"时,电路组成升温报警器。平时,环境温度低于 WXG 的设定值,WXG 内部水银接点断开,A 的触发端 TRIG 通过 R$_1$ 接地,报警器不工作;当环境温度上升到 WXG 的设定值以上时,WXG 的内部水银接点就会接通,A 的触发端经 WXG 从电源正端获得高电平触发信号,A 内部电路工作,其输出端 OUT 反复输出报警电信号,经 VT 功率放大后,推动 B 发出"呜喔、呜喔"声响,同时使并接在 B 两端的 LED 随着声响

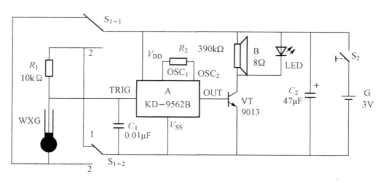

图 5 - 5 - 9　高准确度温度报警器

闪烁。

当 ST1 - 2 拨向位置"2"时，电路组成降温报警器。平时，A 的触发端 TRI 通过 WXG 内部水银接点接地，故报警器不工作；当环境温度降到 WXG 的设定值以下时，WXG 内部水银接点自动断开，A 经 R_1 从电源正极获得高电平触发信号，使电路发出声、光两种降温报警信号。

3. 元器件选择与制作

A 选用 KD - 9562B 型报警集成电路，也可用 KD 153H 型"叮咚"门铃集成电路芯片代替。VT 用 9013 型硅 NPN 三极管，要求 $\beta > 100$。LED 用普通红色发光二极管。WXG 选用分度值 ≤ 1C 的 WXG - 11t 型可调式电接点玻璃水银温度计，测温范围根据需要确定。R_1、R_2 用 RTX - 1/8W 型碳膜电阻器。C_1 用 CT1 型磁介电容器，C_2 用 CD11 - 10V 型电解电容器。B 用 8Ω、0.25W 小口径动圈式扬声器。S_1 用 KBB - 2X2 型拨动开关，S_2 用小型单刀单掷开关。G 用两节 5 号干电池串联而成。

整机可装入现成的市售电子门铃外壳内。S_1、S_2 固定在机盒面板上，WXG 置于测温环境中，并通过双股软塑导线与报警盒电路接通。此报警器不用调试就能正常工作。由于电路静态耗电 < 0.3mA，用电很节省。

附　　录

《传感器与自动检测技术》课程标准

一、课程性质

"传感器与自动检测实训"课程的开设是按照"十二五"人才培养的时代特征，突出高职高专工程类自动化技术的教育特点，以培养应用型、技能型人才为目标；传感器是现代控制的基本工具，而自动检测技术则是控制过程获取信息的唯一手段。将生产过程中传感器与自动检测的新知识、新技能、新检测手段编排在课程中。本实训教程按照课程要求以最新的编著方法，紧密配合"工学结合"的思路，给人耳目一新的感受，以自动检测应用能力为手段，结构清晰，深入浅出，更便于高职高专学生学习。本《传感器与自动检测实训教程》符合国家高职高专教育发展方向和教学质量要求，反映当今科技发展新成就，是体现课程体系和教学内容改革的优秀教材，在内容和体系上突出专业特色。

二、课程特色

"传感器与自动检测技术"是一门多学科交叉的专业课程，重点介绍各种传感器的工作原理和特性，结合工程应用实际，了解传感器与自动检测在各种电量和非电量检测系统中的应用，培养学生使用各类传感器与自动检测的技巧和能力，掌握常用传感器与自动检测的工程测量设计方法和研究方法，了解传感器与自动检测技术的发展动向。通过本课程的学习使学生获得传感器、自动检测方法及抗干扰技术等方面的基本知识和基本技能，并且能将所学到的自动检测技术灵活地应用到生产实践中去。

与课程配套的教材，从内容到形式都极具特色，采用真实典型的应用实例，以技能操作为核心，系统地讲授基本概念及影响自动检测与控制仪表的主要因素。使课程与教材突出指导性、实用性和可操作性，并重点培养学生的动手能力，训练内容经典，达到培养具有关键能力和拓展创新型技能人才的目的。

《传感器与自动检测技术实训教程》编写过程中得到了企业高级工程师、高级技师的大力帮助，当教材编写完成后，请专业高级工程师与高级技师把关，都认为本教材：能立足高职高专人才教育培养目标，结合企业真实过程控制工程应用实例，遵循主动适应社会发展需要、突出应用性和针对性、加强实践能力培养的原则，从高职高专院校的实际出发，精选内容，突出重点，力求教材本身的实用性和对高职高专学生的适用性。同时可作为各行各业生产过程中控制工程的培训使用教材。

三、课程设计思路

课程目标设计

总体目标：要求理解不同传感器的工作原理，常用的测量电路；能够对常用传感器的性能参数与主要技术指标进行校量与标定。掌握传感器的工程应用方法，并能正确处理检测数据。了解传感器技术发展前沿状况，能设计及搭建自动检测电路，培养学生科学素养，提高学生分析解决问题的能力。

课程目标应用

以应用于实训为主旨，以强化学生对理论知识的理解为主线，技能点随着实际工作项目的需要引入，使学生在完成任务的同时掌握知识和技能，确保岗位所需专业技能的同时又兼顾原有知识体系的相对完整性，有效地达到课程目标的建构。

本课程从高职高专学校培养应用型技术人才这一总目标出发，以应用为目的，以必需、够用为度。《传感器与自动检测实训教程》内容包括五个项目，二十四个实训任务。每一项任务均含有实训。例题和习题的内容力求以实际应用为主，做到保证基础、提高适度。本课程在教学中，将采用理论与实践融合互动的一体化情景氛围教学平台，在实训场边讲边练。创造了教学任务和实训设备紧密结合的氛围环境，使学生产生强烈的实践学习的欲望、兴趣和冲动，激发了学生学习的潜能。

四、参考学时

本教材采用"教、学、做、练"一体化教学模式，建议学时为 72 学时。

五、内容纲要

在传感器与自动检测技术模块中，分为五个项目，二十四个实训任务。

1. 课程内容与要求

通过理论实践一体化的教学和实训过程完成教学内容，课程建议总课时为 72，项目内容组织与学时分配如下所示。

2. 模块设计表

序号	学习情境内容	总学时	理论学时	实训学时	备注
1	自动检测技术基本知识	3	3	0	
2	温度检测传感器及仪表	6	4	2	
3	压力检测传感器及仪表实训	6	4	2	
4	液位检测传感器及仪表实训	6	4	2	
5	流量检测传感器及仪表实训	6	4	2	
6	现代新型检测传感器及仪表实训	2	2	0	
7	执行器的构成及工作原理	3	3	0	
8	气动执行器原理及校验实训	6	3	3	
9	电动执行器原理及校验实训	4	2	2	
10	温度传感器的应用与制作实训	6	1	5	
11	压力传感器应用与制作实训	6	1	5	
12	光传感器应用与制作实训	6	1	5	
13	气体、声音和湿度传感器应用与制作实训	6	1	5	
14	各种传感器报警电路制作实训	6	1	5	
	合计	72	34	38	

3. 能力训练项目

序号	学时	教学目标和主要教学内容			
		单元标题	知识目标	能力目标	能力实训
1	2	项目一：温度传感器及仪表安装与调校实训	温度传感器的静态特性、动态特性与技术指标	会温度传感器技术指标与传感器的分类；热电偶的分度表与分度号查阅	热电偶温度传感器分类；热电偶标定及校验
2	2	项目二：压力测量仪表选择、调校及安装实训	压力单位及压力检测方法；测量桥路的调零与非线性误差，电容式压力传感器的工作原理	测量电桥的电压灵敏度与调零；各种压力传感器的安装与调校	压力传感器的安装与调校，电容式、霍尔式传感器的应用
3	2	项目三：液位检测传感器及仪表选择、调校及安装	物位信号的检测方法与检测元件选择液位检测传感器原理	液位测量与差压传感器的使用与安装	差压变送器、液位传感器的安装于调校，电容式液位计调校
4	2	项目四：流量传感器选择、调校，标准装置的校验	差压式流量计、转子流量计、电磁流量传感器、涡差压式流量计街流量传感器的工作原理	差压式流量计的安装与使用；转子流量计的安装与使用；电磁流量传感器的安装与使用	差压式流量计、转子流量计、电磁流量传感器、涡差压式流量计街流量计的调校与安装
5	2	项目五：光电、光纤传感器与超声波传感器	光电、光纤元件的测量电路原理	光电效应及光电元件；光电计数传感器的应用	半导体光吸收型光电传感器；光纤转速传感器使用
6	3	项目六：气动执行器安装与调校			
7	2	项目七：电动执行器安装与调校			
8	5	项目八：用集成温度传感器制作热电偶冷端温度补偿器	AD590 电流输出型集成温度传感器的引脚功能与外部接线	AD590 电流输出型集成温度传感器制作 K 型热电偶冷端温度补偿器	AD590 电流输出型集成温度传感器制作 K 型热电偶冷端温度补偿器
9	5	项目九：温度传感器的应用与制作实训　压力传感器应用与制作实训　光传感器应用与制作实训	霍尔效应与霍尔元件的主要参数；压电材料与压电元件	霍尔元件的主要参数；霍尔元件的测量电路	霍尔元件的温度误差与补偿方法；霍尔式微位移传感器工作原理；霍尔高斯计（特斯拉计）的使用

序号	学时	教学目标和主要教学内容			
		单元标题	知识目标	能力目标	能力实训
10	5	项目十：气体、声音和湿度传感器应用与制作实训	气敏电阻传感器 还原性气体传感器的组成与工作原理； 气敏半导体的灵敏度特性曲线； 酒精传感器的选择性 家庭用煤气报警器	吸收式烟雾报警器； 反射式烟雾报警器； 自动门光电传感器； 光电式带材跑偏检测控制器； 光幕及其应用； 反射式光电式转速表的制作与调试二氧化钛氧浓度传感器的应用	气敏半导体的灵敏度特性曲线； 酒精传感器的选择性； 家庭用煤气报警器； 一氧化碳传感器； 二氧化钛氧浓度传感器

六、实施建议

本课程讲述的内容是本专业的技能知识，建议采取"教、学、做、练"融为一体的教学方法，使理论和实践教学融为一体。教材与课程配套。